全国计算机技术与软件专业技术资格考试

软件评测师真题精析与命题密卷

主　编　薛大龙　胡宇真　刘江源　史萍萍

全国计算机技术与软件专业技术资格考试
真题精析系列用书编写委员会

主　任：薛大龙
副主任：邹月平　史萍萍
委　员：胡宇真　刘江源　董政波　李莉莉
　　　　吴芳茜　兰帅辉　孙烈阳　黄俊玲
　　　　胡晓萍

中国水利水电出版社
www.waterpub.com.cn
·北京·

内 容 提 要

"软件评测师"是全国计算机技术与软件专业技术资格考试(简称"软考")中的一个专业,是在国家人力资源和社会保障部、工业和信息化部领导下的国家级考试。

本套试卷中的真题解析,可帮助考生全面掌握软件评测师必备的知识和技能,掌握考试重点,熟悉试题形式,学会解答问题的方法和技巧。本套试卷中的命题密卷,是结合最新的考试大纲编写的与考试知识点非常接近的试题,考生不仅要会做题,还要举一反三,将该题涵盖的知识点所在的知识域掌握。

本套试卷可作为考生备考"软件评测师"考试的学习资料,也可以作为"软件设计师""系统分析师""系统架构设计师""程序员"考试的补充学习资料,还可供各类计算机技术相关专业培训班使用。

图书在版编目(CIP)数据

软件评测师真题精析与命题密卷 / 薛大龙等主编
. -- 北京:中国水利水电出版社,2020.8
 全国计算机技术与软件专业技术资格考试
 ISBN 978-7-5170-8774-8

Ⅰ. ①软… Ⅱ. ①薛… Ⅲ. ①软件-测试-资格考试
-题解 Ⅳ. ①TP311.55-44

中国版本图书馆CIP数据核字(2020)第153126号

策划编辑:周春元 责任编辑:王开云 封面设计:李 佳

书　　名	全国计算机技术与软件专业技术资格考试 软件评测师真题精析与命题密卷 RUANJIAN PINGCESHI ZHENTI JINGXI YU MINGTI MIJUAN
作　　者	主　编　薛大龙　胡宇真　刘江源　史萍萍
出版发行	中国水利水电出版社 (北京市海淀区玉渊潭南路1号D座　100038) 网址:www.waterpub.com.cn E-mail:mchannel@263.net(万水) 　　　　sales@waterpub.com.cn 电话:(010)68367658(营销中心)、82562819(万水)
经　　售	全国各地新华书店和相关出版物销售网点
排　　版	北京万水电子信息有限公司
印　　刷	三河市铭浩彩色印装有限公司
规　　格	370mm×260mm　横8开本　12.5印张　405千字
版　　次	2020年8月第1版　2020年8月第1次印刷
印　　数	0001—3000册
定　　价	48.00元

凡购买我社图书,如有缺页、倒页、脱页的,本社营销中心负责调换

版权所有·侵权必究

2018年下半年

全国计算机技术与软件专业技术资格考试
2018年下半年 软件评测师 上午试卷

（考试时间 9:00～11:30 共150分钟）

请按下述要求正确填写答题卡

1. 在答题卡的指定位置上正确写入你的姓名和准考证号，并用正规2B铅笔在你写入的准考证号下填涂准考证号。
2. 本试卷的试题中共有75个空格，需要全部解答，每个空格1分，满分75分。
3. 每个空格对应一个序号，有A、B、C、D四个选项，请选择一个最恰当的选项作为解答，在答题卡相应序号下填涂该选项。
4. 解答前务必阅读例题和答题卡上的例题填涂样式及填涂注意事项。解答时用正规2B铅笔正确填涂选项，如需修改，请用橡皮擦干净，否则会导致不能正确评分。

例题

● 2018年上半年全国计算机技术与软件专业技术资格考试日期是 (88) 月 (89) 日。

(88) A. 4　　　　B. 5　　　　C. 6　　　　D. 7
(89) A. 23　　　 B. 24　　　 C. 25　　　 D. 36

因为考试日期是"5月25日"，故（88）选B,（89）选C，应在答题卡序号88下对B填涂，在序号89下对C填涂（参看答题卡）。

C. 1004+(5*10+6)*4　　　　　　　D. 1004+(4*10+5)*4
● 可利用一个栈来检查表达式中的括号是否匹配,其方法是:初始时设置栈为空,然后从左到右扫描表达式,遇到左括号"("就将其入栈,遇到右括号")"就执行出栈操作,忽略其他符号。对于算术表达式"a*(b+c))d",由于___(22)___,因此可判断出该表达式中的括号不匹配。
　　(22) A. 需要进行出栈操作但栈已空
　　　　 B. 需要进行入栈操作但栈已满
　　　　 C. 表达式处理已结束,但栈中仍留有字符"("
　　　　 D. 表达式处理已结束,但栈中仍留有字符")"
● 若有字符串"software",则其长度为 3 的子串有___(23)___个。
　　(23) A. 5　　　　B. 6　　　　C. 7　　　　D. 8
● 对下图所示的二叉树进行顺序存储(根节点编号为1,对于编号为 i 的节点,其左孩子节点为2i,右孩子节点为2i+1)并用一维数组 BT 来表示,已知节点 X、E 和 D 在数组 BT 中的下标分别为1、2、3,可推出节点 G、K 和 H 在数组 BT 中的下标分别为___(24)___。

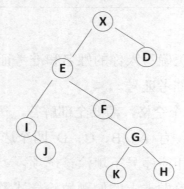

　　(24) A. 10、11、12　　B. 12、24、25　　C. 11、12、13　　D. 11、22、23
● 对于关键字序列(10,34,37,51,14,25,56,22,3),用线性探查法解决冲突构造哈希表,哈希函数为 H(key)=key%11,关键字 25 存入的哈希地址编号为___(25)___。
　　(25) A. 2　　　　B. 3　　　　C. 5　　　　D. 6
● 通过设置基准(枢轴)元素将待排序的序列划分为两个子序列,使得其一个子序列的元素均不大于基准元素,另一个子序列的元素均不小于基准元素,然后再分别对两个子序列继续递归地进行相同思路的排序处理,这种排序方法称为___(26)___。
　　(26) A. 快速排序　　B. 冒泡排序　　C. 简单选择排序　　D. 归并排序
● 某汽车维修公司有部门、员工和顾客等实体,各实体对应的关系模式如下:
部门(部门代码,部门名称,电话)
员工(员工代码,姓名,部门代码)顾客(顾客号,姓名,年龄,性别)
维修(顾客号,故障情况,维修日期,员工代码)
假设每个部门允许有多部电话,则电话属性为___(27)___。若每个部门有多名员工,而每个员工只属于一个部门。员工代码唯一标识员工关系的每一个元组。部门和员工之间是___(28)___联系。一个员工同一天可为多位顾客维修车辆,而一名顾客也可由多名员工为其维修车辆,维修关系模式的主键是___(29)___,员工关系模式的外键是___(30)___。
　　(27) A. 组合属性　　B. 派生属性　　C. 多值属性　　D. 单值属性
　　(28) A. 1:1　　　　B. 1:n　　　　C. n:1　　　　D. n:m
　　(29) A. 顾客号,姓名　　　　　　　　B. 顾客号,故障情况
　　　　 C. 顾客号,维修日期,员工代码　 D. 故障情况,维修日期,员工代码
　　(30) A. 顾客号　　B. 员工代码　　C. 维修日期　　D. 部门代码

- 以下关于极限编程（XP）的叙述中，正确的是__(31)__。XP 的 12 个最佳实践不包括__(32)__。
  - (31) A．XP 是激发开发人员创造性、使管理负担最小的一组技术
      - B．每一个不同的项目都需要一套不同的策略、约定和方法论
      - C．多个自组织和自治小组并行地递增实现产品
      - D．有一个使命作为指导，它设立了项目的目标，但并不描述如何达到这个目标
  - (32) A．重构　　　　　B．结对编程　　　　　C．精心设计　　　　　D．隐喻
- 某软件项目的活动图如下图所示，其中顶点表示项目里程碑，连接顶点的边表示包含的活动，边上的数字表示活动的持续时间（天），则完成该项目的最少时间为__(33)__天。活动 FG 的松弛时间为__(34)__天。

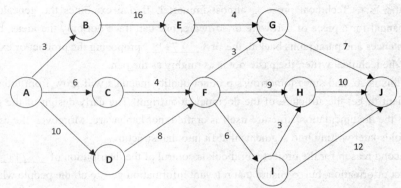

  - (33) A．20　　　　　　B．30　　　　　　　C．36　　　　　　　D．37
  - (34) A．1　　　　　　B．8　　　　　　　C．9　　　　　　　D．17
- 以下关于软件项目工作量估算的叙述中，不正确的是__(35)__。
  - (35) A．专家估计方法受到专家的背景知识和经验的影响
      - B．复杂的模型不一定更准确
      - C．机器学习方法可以准确地估算项目工作量
      - D．多种方法结合可以在某种程度上提高估算精度
- 结构化分析的输出不包括__(36)__。
  - (36) A．数据流图　　　B．数据字典　　　　C．加工逻辑　　　　D．结构图
- 以下关于数据流图的叙述中，不正确的是__(37)__。
  - (37) A．分层数据流图可以清晰地对稍微复杂一些的实际问题建模
      - B．用来描述数据流从输入到输出的变换流程
      - C．能清晰地表达加工的处理过程
      - D．不能表示实体之间的关系
- 软件设计一般包括概要设计和详细设计，其中概要设计不包括__(38)__。
  - (38) A．体系结构设计　　　　　　　　　　　B．模块划分
      - C．数据结构设计　　　　　　　　　　　D．模块之间的接口设计
- MVC 模式（模型－视图－控制器）是软件工程中的一种软件架构模式，把软件系统分为模型、视图和控制器 3 个部分。__(39)__不属于 MVC 模式的优点。
  - (39) A．低耦合性　　　B．高重用性　　　　C．可维护性　　　　D．高运行效率
- 某系统中有一个中央数据存储，模块 A 负责接收新来的数据并修改中央数据存储中的数据，模块 B 负责访问中央数据存储中的数据，则这两个模块之间的耦合类型为__(40)__。若将这两个模块及中央数据合并成一个模块，则该模块的内聚类型为__(41)__。
  - (40) A．数据　　　　　B．标记　　　　　　C．控制　　　　　　D．公共
  - (41) A．逻辑　　　　　B．时间　　　　　　C．通信　　　　　　D．功能

- 以下关于软件质量保证的叙述中，不正确的是 (70) 。
  (70) A．软件质量是指软件满足规定或潜在用户需求的能力
       B．质量保证通过预防、检查与改进来保证软件质量
       C．质量保证关心的是开发过程活动本身
       D．质量保证的工作主要是通过测试找出更多问题

- The project workbook is not so much a separate document as it is a structure imposed on the documents that the project will be producing anyway.

  All the documents of the project need to be part of this (71) . This includes objectives, external specifications, interface specifications, technical standards, internal specifications and administrative memoranda(备忘录).Technical prose is almost immortal. If one examines the genealogy (手册) of a customer manual for a piece of hardware or software, one can trace not only the ideas, but also many of the very sentences and paragraphs back to the first (72) proposing the product or explaining the first design. For the technical writer, the paste-pot is as mighty as the pen.

  Since this is so, and since tomorrow's product-quality manuals will grow from today's memos, it is very important to get the structure of the documentation right. The early design of the project (73) ensures that the documentation structure itself is crafted, not haphazard. Moreover, the establishment of a structure molds later writing into segments that fit into that structure.

  The second reason for the project workbook is control of the distribution of (74) . The problem is not to restrict information, but to ensure that relevant information gets to all the people who need it.

  The first step is to number all memoranda, so that ordered lists of titles are available and the worker can see if he has what he wants. The organization of the workbook goes well beyond this to establish a tree-structure of memoranda. The (75) allows distribution lists to be maintained by subtree, if that is desirable.

  (71) A．structure   B．specification   C．standard   D．objective
  (72) A．objective   B．memoranda   C．standard   D．specification
  (73) A．title   B．list   C．workbook   D．quality
  (74) A．product   B．manual   C．document   D．information
  (75) A．list   B．document   C．tree-structure D．number

全国计算机技术与软件专业技术资格考试
2018年下半年 软件评测师 下午试卷

（考试时间 14:00～16:30 共150分钟）

> 请按下述要求正确填写答题纸

1. 在答题纸的指定位置填写你所在的省、自治区、直辖市、计划单列市的名称。
2. 在答题纸的指定位置填写准考证号、出生年月日和姓名。
3. 答题纸上除填写上述内容外只能写解答。
4. 本试卷共5道题，试题一至试题二是必答题，试题三至试题五选答2道，满分75分。
5. 解答时字迹务必清楚，字迹不清时，将不评分。
6. 仿照下面例题，将解答写在答题纸的对应栏内。

例题

　　2017年下半年全国计算机技术与软件专业技术资格考试日期是 　(1)　 月 　(2)　 日。

　　因为正确的解答是"11月4日"，故在答题纸的对应栏内写上"11"和"4"（参看下表）。

例题	解答栏
（1）	11
（2）	4

【问题 1】（6 分）
系统前端采用 HTML5 实现，以使用户可以通过计算机和不同的移动设备浏览器进行访问。请设计兼容性测试矩阵，对系统浏览器兼容性进行测试。

【问题 2】（8 分）
客户交易时，前端采用表单提交价格（正整数，单位：元）和中介费比例（0～1 之间的小数，保留小数点后 2 位），针对这一功能设计 4 个测试用例。

【问题 3】（6 分）
在对系统性能测试时，采用 Apdex（应用性能指数）对用户使用该系统的性能满意度进行度量，系统需要满足的 Apdex 指数为 0.85 以上。
Apdex 量化时，对应的用户满意度分为 3 个区间，通过响应时间阈值（Threshold）T 来划分，Apdex 的用户满意度区间如下：
满意：(0,T]，让用户感到很愉快。
容忍：(T,4T]，慢了一点，但还可以接受，继续这一应用过程。
失望：高于 4T，太慢了，受不了，用户决定放弃这个应用。Apdex 的计算如下：
　　　　　　　Apdex=(满意的样本数+容忍的样本数/2)/总样本数
针对用户功能，本系统设定 T=2 秒，记录响应时间，统计样本数量，2 秒以下记录数 4000，2～8 秒记录数 1000，大于 8 秒记录数 500。
请计算本系统的 Apdex 指数，并说明本系统是否到达要求。

试题四（20 分）
阅读下列说明，回答问题 1 至问题 3，将解答填入答题纸的对应栏内。
【说明】
某软件的积分计算模块每天定时根据用户发布的文章数、文章阅读数来统计用户所获取的积分，用户分为普通用户和专家用户，两类用户具有不同的积分系数。
图 4-1 是该模块的类图，图中属性和操作前的 "+""#" 和 "-" 分别表示公有成员、保护成员和私有成员。

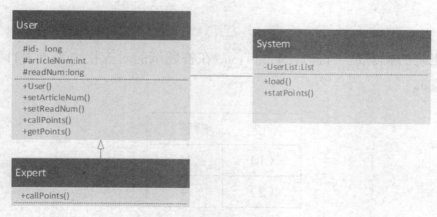

图 4-1

其中：
（1）类 Expert 重新实现了类 User 的方法 callPoints()。
（2）方法 callPoints()根据每个用户每天的文章数（articleNum）、文章阅读数（readNum）来计算当天的积分。
（3）类 System 中的方法 statPoints()中首先调用了该类的方法 load()，获取本系统用户列表，然后调用了类 User 中的方法 callPoints()。

现拟采用面向对象的方法进行测试。

【问题1】（4分）

（1）图4-1所示的类图中，类System和User之间是什么关系？

（2）类Expert重新实现了类User的方法callPoints()，这是面向对象的什么机制？

【问题2】（6分）

类Expert中的方法callPoints()和getPoints()是否需要重新测试？

【问题3】（10分）

（1）请结合题干说明中的描述，给出测试类User方法callPoints()时的测试序列。

（2）从面向对象多态特性考虑，测试类System中方法statPoints()时应注意什么？

（3）请给出图4-1中各个类的测试顺序。

试题五（20分）

阅读下列说明，回答问题1至问题3，将解答填入答题纸的对应栏内。

【说明】

某智能家居系统软件设计中，家庭内网节点软件设计包括协调器软件、现场采集/执行器（室内温、湿度采集节点，模拟台灯控制节点，模拟雨水窗户监控节点，模拟空调控制节点和火灾监测节点）的软件设计。软件功能组成如图5-1所示。

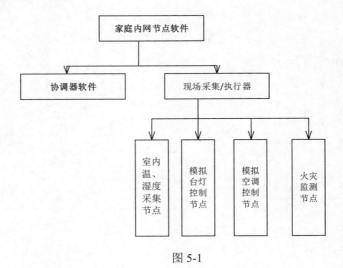

图5-1

整个系统中，协调器是整个家庭内的核心和起点，负责管理各个节点设备与PC网关的信息和控制指令的传输。温、湿度采集终端将传感器的数据以点播的形式发送给协调器，其他采集/控制节点以广播的形式与协调器进行数据的交换,协调器和PC机采用串口通信协议。协调器软件主要完成以下功能：

（1）创建信道，组建网络；如果失败，则继续创建。

（2）组建网络成功，则进行各层事件扫描。

（3）如果检测到应用层有事件，则转第（4）步，否则反复扫描各层事件。

（4）判断数据类型，如果是室内环境数据，则经串口发送到网关；如果是控制指令，则向控制节点发送控制指令；如果前面两者均不是，则不处理。

（5）继续扫描各层事件。

【问题1】（4分）

在本软件开发过程中，开发人员使用了基于模型的嵌入式代码生成技术，目前对模型验证最主要的方法是__(1)__。通过此方法验证后，利用此验证结果可对模型的覆盖率进行分析，模型的覆盖率类型一般包括__(2)__（至少写出两种类型）。

全国计算机技术与软件专业技术资格考试
2018年下半年 软件评测师 下午试卷答题纸

（考试时间　14:00～16:30　共150分钟）

试题号	一	二	三	四	五	总分
得　分						
评阅人						加分人
校阅人						

试题一解答栏	得分
问题1	
问题2	

问题 3		
评阅人	校阅人	小 计

试 题 五 解 答 栏	得 分
问题 1	
问题 2	
问题 3	
评阅人　　　　　校阅人　　　　　小 计	

全国计算机技术与软件专业技术资格考试
2018年下半年 软件评测师 上午试卷解析

（1）参考答案：B

试题解析　同一信息可以用不同的数据形式表示，如数字、文字、图片、图像、语音等。数据是描述事物的符号记录，其具有多种表现形式，可以是文字、图形、图像、声音和语言等。信息具有可感知、可存储、可加工、可传递和可再生等自然属性。数据是经过组织化的比特的集合，而信息是具有特定释义和意义的数据。

（2）参考答案：C

试题解析　Telnet协议是TCP/IP协议族中的一员，是Internet远程登录服务的标准协议和主要方式。它为用户提供了在本地计算机上完成远程主机工作的能力。在终端使用者的计算机上使用Telnet程序，用它连接到服务器。

（3）参考答案：A

试题解析　主存属于随机存储器，随机存取存储器（Random Access Memory，RAM）又称作"随机存储器"，是与CPU直接交换数据的内部存储器，也叫主存。

（4）参考答案：C

试题解析　立即寻址是一种特殊的寻址方式，指令中在操作码字段后面的部分不是通常意义上的操作数地址，而是操作数本身，也就是说数据就包含在指令中，只要取出指令，也就取出了可以立即使用的操作数。

（5）参考答案：D

试题解析　DMA指数据在内存与I/O设备间的直接成块传送，即在内存与I/O设备间传送一个数据块的过程中，不需要CPU的任何干涉，只需要CPU在过程开始启动（即向设备发出"传送一块数据"的命令）与过程结束（CPU通过轮询或中断得知过程是否结束和下次操作是否准备就绪）时的处理。实际操作由DMA硬件直接执行完成，CPU在此传送过程中做别的事情。

（6）参考答案：B

试题解析　地址总线决定了寻址能力，宽度24位，其寻址能力为 $2^{24}=2^{10}\times 2^{10}\times 2^{4}=16MB$，按字节寻址，空间为16MB。

（7）参考答案：A

试题解析　根据《计算机软件保护条例》第二条的规定，著作权法保护的计算机软件是指计算机程序及其相关文档。

（8）参考答案：D

试题解析　《计算机软件保护条例》第十一条规定："接受他人委托开发的软件，其著作权归属由委托者与受委托者签订书面合同约定；无书面合同或者合同未明确约定的，其著作权由受委托人享有"，选项D中没有合同约定，故该著作权属于乙。

（9）参考答案：B

试题解析　存在安全威胁的URL地址属于应用层的数据内容，防火墙不能进行有效筛选。

（10）参考答案：A

试题解析　补码进行运算时可以将符号带入进行计算。

（11）参考答案：D

试题解析　$X \oplus Y$ 的意思是X和Y之间的异或运算，即 $X \oplus Y = X*\overline{Y}+\overline{X}*Y$，$\overline{X}$ 表示非，如X=0，$\overline{X}$ 则为1。

（12）参考答案：D

(F 开始的松弛时间)。

(35) **参考答案**：C

试题解析 软件项目估算涉及人员、技术、环境等多种因素，因此很难在项目完成前准确地估算出开发软件所需的成本、持续时间和工作量。

(36) **参考答案**：D

试题解析 结构图是指以模块的调用关系为线索，用自上而下的连线表示调用关系并注明参数传递的方向和内容，从宏观上反映软件层次结构的图形属于软件设计。

(37) **参考答案**：C

试题解析 数据流图从数据传递和加工的角度，以图形的方式刻画系统内数据的运动情况，体现的是数据流，而不是控制流。选项 C 属于控制信息。

(38) **参考答案**：D

试题解析 概要设计就是设计软件的结构，明确软件由哪些模块组成，这些模块的层次结构是怎样的，这些模块的调用关系是怎样的，每个模块的功能是什么。同时，还要设计该项目的应用系统的总体数据结构和数据库结构，即应用系统要存储什么数据，这些数据是什么样的结构，它们之间有什么关系。

概要设计的基本任务：①设计软件系统的总体结构（将系统按功能划分模块，确定每个模块的功能；确定模块之间的调用关系；确定模块之间的接口，即模块之间传递的信息；评价模块结构的质量）；②数据结构即数据库设计；③编写概要设计文档；④评审，软件体系结构，是对子系统、软件系统组件以及它们之间相互关系的描述。

具体的模块之间的接口设计应为详细设计的内容。

(39) **参考答案**：D

试题解析 MVC 全名是 Model View Controller，是用一种业务逻辑、数据、界面显示分离的方法组织代码，将业务逻辑聚集到一个部件里面，在改进和个性化定制界面及用户交互的同时，不需要重新编写业务逻辑；有高重用性、可维护性、低耦合性等优点。

(40)(41) **参考答案**：D C

试题解析 偶然聚合：模块完成的工作之间没有任何关系，或者仅仅是一种非常松散的关系。
逻辑聚合：模块内部的各个组件在逻辑上具有相似的处理动作，但功能用途上彼此无关。
时间聚合：模块内部的各个组成部分所包含的处理动作必须在同一时间内执行。
过程聚合：模块内部各个组件部分需要完成的动作虽然没有关系，但必须按特定的次序执行。
通信聚合：模块的各个组成部分所完成的动作都使用了同一个数据或产生同一输出数据。
顺序聚合：模块内部的各个部分，前一部分处理动作的最后输出是后一部分处理动作的输入。
功能聚合：模块内部各个部分全部属于一个整体，并执行同一功能，且各部分对实现该功能都必不可少。
非直接耦合：两个模块之间没有直接关系，它们的联系完全通过主模块控制和调用来实现。
数据耦合：两个模块彼此间通过数据参数交换信息。
标记耦合：一组模块通过参数表传递记录信息，这个记录是某一个数据结构的子结构，而不是简单变量。
控制耦合：指一个模块调用另一个模块时，传递的是控制变量。
外部耦合：一组模块访问同一全局简单变量而不是同一全局数据结构，而且不是通过参数表传递该全局变量的信息，则称之为外部耦合。
公共耦合：两个模块之间通过一个公共的数据区域传递信息。
内容耦合：一个模块需要涉及另一个模块的内部信息。

(42) **参考答案**：A

试题解析 更正性维护：更正交付后发现的错误。
适应性维护：使软件产品能够在变化后或变化中的环境中继续使用。
完善性维护：改进交付后产品的性能和可维护性。

预防性维护：在软件产品中的潜在错误成为实际错误前，检测并更正它们。

(43)(44)(45)(46) 参考答案：A B B B

🔧试题解析　将元素按照层次遍历的方式压入二叉树，第(43)题只有选项A符合小项堆的要求。

二叉树的层次遍历，顾名思义就是指从二叉树的第一层（根节点）开始，从上至下逐层遍历，在同一层中，则按照从左到右的顺序对节点逐个访问。小项堆是一种经过排序的完全二叉树。对于一个完全二叉树，第一层为最多1个节点，第二层最多2个节点，第n层最多2^{n-1}个节点，本题10个节点=1+2+4+3，所以需要4层。快速排序、归并排序、堆排序算法时间复杂度一样，都属于nlgn复杂度。

(47)(48)(49)(50) 参考答案：C D C C

🔧试题解析　图中Component定义一个对象接口，可以给这些对象动态地添加职责。
ConcreteComponent定义一个对象，可以给这个对象添加一些职责。
Decorator维持一个指向Component对象的指针，并定义一个与Component接口一致的接口。
装饰（Decorator）模式适用于：在不影响其他对象的情况下，以动态、透明的方式给单个对象添加职责；处理那些可以撤销的职责；当不能采用生成子类的方式进行扩充时。
Decorator和Component之间应为关联与实现关系。
ConcreteComponent和Decorator之间是继承（泛化）关系。

(51) 参考答案：D

🔧试题解析　软件测试对象为软件（软件相关程序代码、数据、文档等），不包括开发人员。

(52) 参考答案：B

🔧试题解析　集成测试的集成方式包括一次性集成、自底向上集成、自顶向下集成、混合式集成等。

(53) 参考答案：C

🔧试题解析　易用性测试是指软件产品被理解、学习、使用和吸引用户的能力。易用性涉及易理解、易学习、美观性、一致性、业务复合型等方面，这些不适合采用自动化测试。

(54) 参考答案：C

🔧试题解析　分析错误找到原因有助于总结，有助于过程改进。

(55) 参考答案：D

🔧试题解析　按照开发阶段划分，软件测试可分为：单元测试、集成测试、系统测试、确认测试、验收测试。
按照测试技术划分，软件测试可分为：白盒测试、黑盒测试、灰盒测试。
按照实施组织划分，软件测试可分为：开发方测试、用户测试、第三方测试。

(56) 参考答案：C

🔧试题解析　效率是指在规定的条件下，相对于所用资源的软件产品可提供适当的性能的能力。

(57) 参考答案：A

🔧试题解析　Bug记录是测试人员登记的，测试人员不知道谁是模块对应的开发人员。只有在Bug跟踪表里才可能由开发主管分配开发人员来解决，这个解决问题的人员未必是当时写代码的程序员。
Bug记录应基本包含：编号、Bug所属模块、Bug描述、Bug级别、发现日期、发现人、修改日期、修改人、修改方法、回归结果等。

(58) 参考答案：C

🔧试题解析　自动化测试的优势在于提高测试质量、提高测试效率、提高测试覆盖率、执行手工测试不能完成的测试任务、更好地利用资源、增进测试人员与开发人员之间的合作伙伴关系。

(59) 参考答案：B

🔧试题解析　因果图法需要转换成判定表，然后再设计测试用例，具体过程如下：
1）分析软件规格说明描述中，哪些是原因（即输入条件或输入条件的等价类），哪些是结果（即输出条件），并给每个原因和结果赋予一个标识符。
2）分析程序规格说明描述中语义的内容，并将其表示成连接各个原因与各个结果的"因果图"。
3）标明约束条件。

全国计算机技术与软件专业技术资格考试
2018 年下半年 软件评测师 下午试卷解析

试题一

【问题 1】
（1）i<ncycle。
（2）i>=ncycle。
（3）j<cyclelen。
（4）j>=cyclelen。
（5）pos >= panonopt_end。
（6）pos < panonopt_end。

【问题 2】
控制流图为：

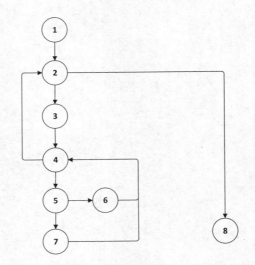

环路复杂度 V(G)=4。

【问题 3】
（1）1、2、8。
（2）1、2、3、4、2、8。
（3）1、2、3、4、5、6、4、2、8。
（4）1、2、3、4、5、7、4、2、8。

试题二

【问题 1】
（1）P　（2）1　（3）4、5　（4）最多带 2 位小数的正浮点数
（5）MGP 以外的单个字母　（6）小于 1 的整数　（7）最多带两位小数的负浮点数

【问题 2】
（1）300
（2）100

试题五

【问题1】
（1）B
（2）条件覆盖、判定覆盖、MC/DC

【问题2】
（1）各层扫描
（2）室内环境数据
（3）模拟雨水窗户监控节点发送控制指令
（4）台灯
（5）空调控制指令

【问题3】
（1）2
（2）2
（3）3

(3) 3、6、8
(4) 6
(5) 1（非字母）
(6) FF（非单个字母）
(7) N/A
(8) 2、3（非整数）
(9) 1, 13, 8
(10) 7（大于6的整数）
(11) a（非浮点数）
(12) -100.12（最多带两位小数的负浮点数）
(13) 100.123（超过两位小数的正浮点数）

试题三

【问题1】

用户设备/用户浏览器	IE浏览器	UC浏览器	火狐浏览器	安卓浏览器	QQ浏览器
Windows 7 台式计算机					
Windows 7 服务器					
Windows 10 台式计算机					
Windows 10 服务器					
IOS 8 寸平板					
安卓 8 寸平板					
IOS 5 寸手机					
安卓 5 寸手机					

【问题2】
（1）测试用例1：10000，0.12（整数，0～1之间的小数）
（2）测试用例2：1000.99，0.12（非整数，0～1之间的小数）
（3）测试用例3：10000，1（整数，非小数）
（4）测试用例4：10000，2.12（整数，不在0～1之间的小数）

【问题3】
不满足要求：Apdex=(4000+1000/2)/(4000+1000+500)=0.82，小于0.85的要求值。

试题四

【问题1】
（1）关联关系。
（2）多态机制。

【问题2】
（1）callPoints()需要重新测试。
（2）getPoints()无须重新测试。

【问题3】
（1）测试序列：User()→setArticleNum()→setReadNum()→callPoints()→getPoints()。
（2）只需要考虑在原有的测试分析和基础上增加测试用例中输入的类型；先测试基类，然后再分别依据输入数据设计不同的测试用例。
（3）先测试 User 类，然后测试 Expert 类，最后测试 System 类。

外，有了文档结构，后来书写的文字就可以放置在合适的章节中。

使用项目手册的第二个原因是控制信息发布。控制信息发布并不是为了限制信息，而是确保信息能到达所有需要它的人的手中。

项目手册的第一步是对所有的备忘录编号，从而让每个工作人员可以通过标题列表来检索是否有他所需要的信息。还有一种更好的组织方法就是使用树状的索引结构。而且如果需要的话，可以使用树结构中的子树来维护发布列表。

4）把因果图转换成判定表。
5）为判定表中每一列表示的情况设计测试用例。

（60）**参考答案**：C

✏️**试题解析** 计算方法：12-8+2=6。
控制流图的环路复杂性 V(G) 等于：
1）控制流程图中的区域个数。
2）边数-节点数+2。
3）判定数+1。

（61）**参考答案**：C

✏️**试题解析** 条件覆盖的测试用例数为：2^n，其中 n 为条件个数。本题中 3 个条件为（a|b）、c>2、d<0（注意：a|b 是一个条件判断）。

（62）**参考答案**：D

✏️**试题解析** CPU 属于服务器资源，不属于网络资源。

（63）**参考答案**：C

✏️**试题解析** 网络测试的类型为：网络可靠性测试、网络可接受性测试、网络瓶颈测试、网络容量规划测试、网络升级测试、网络功能/特性测试、网络吞吐量测试、网络响应时间测试、衰减测试、网络配置规模测试、网络设备评估测试等。

（64）**参考答案**：C

✏️**试题解析** 带宽属于网络测试范畴。

（65）**参考答案**：A

✏️**试题解析** 文档的内容应注意读者对象范围，不能一个文档面向所有级别的读者；检查软件返回结果跟文档描述是否一致属于一致性方面；检查所有信息是否真实正确属于正确性方面；检查术语符合行业规范属于范畴。

（66）**参考答案**：A

✏️**试题解析** Web 系统测试和其他系统测试测试内容基本相同，只是测试重点不同。

（67）**参考答案**：D

✏️**试题解析** 用户口令测试应满足账号口令安全的基本原则，本题①~④都属于用户口令安全保护相关的内容。

（68）**参考答案**：B

✏️**试题解析** 易用性测试主要涉及安装测试、功能易用性测试、界面测试、辅助系统测试。

（69）**参考答案**：D

✏️**试题解析** 场景法从一个流程开始，通过描述经过的路径来确定的过程，经过遍历所有的基本流和备用流来完成整个场景；通过运用场景来对系统的功能点或业务流程进行描述，从而提高测试效果。

（70）**参考答案**：D

✏️**试题解析** 软件测试只是软件质量保证的一个环节。

（71）（72）（73）（74）（75）**参考答案**：A B C D C

✏️**试题解析** 项目工作手册不是单独的一篇文档，它是对项目必须产出的一系列文档进行组织的一种结果。

项目的所有文档都必须是该结构的一部分。这包括目标，外部规范说明，接口规范，技术标准，内部规范和管理备忘录（备忘录）。技术说明几乎是必不可少的。如果某人就硬件和软件的某部分，去查看一系列相关的用户手册。他发现的不仅仅是思路，还能追溯到最早备忘录的许多文字和章节，追溯到最初提出产品或解释第一个设计的备忘录。对于技术作者而言，文章的剪裁粘贴与钢笔一样有用。

基于上述理由，再加上"未来产品"的质量手册将诞生于"今天产品"的备忘录，所以正确的文档结构非常重要。事先将项目工作手册设计好，能保证文档的结构本身是规范的，而不是杂乱无章的。另标为2；因此F=2E+1=2*2+1=5；G=2F+1=2*5+1=11；K=2G=22，H=2G+1=23。

(25) 参考答案：C

试题解析 首先根据给定的哈希函数H(key)=key%11，依次计算出关键字序列中各个关键字的对应哈希值，如关键字10的哈希值H(10)=10%11=10。同理可得所有关键字的哈希值依次为10、1、4、7、3、3、1、0、3。

现在，我们根据关键字在关键字序列中的顺序，来构造对应的哈希表（也称散列表）。对于第一个关键字10，其哈希值为10，则把其插入到哈希表编号为10的地址中，同理，34插入至1中，37插入至4中，51插入至7中，14插入至3中，25插入至3中，但插入时发现，位3中已被关键字14占用，即发生了冲突，则根据线性探查法解决冲突的原则，哈希表指针应从3处后移一个位置，即移至位置4，但发现位置4也被占用，则指针应从位置4继续后移，至位置5时，发现此位置为空，则25应插入此位置。

(26) 参考答案：A

试题解析 快速排序的基本思路是通过一轮的排序将序列分割成独立的两部分，其中一部分序列的关键字（这里主要用值来表示）均比另一部分关键字小。继续对长度较短的序列进行同样的分割，最后到达整体有序。在排序过程中，由于已经分开的两部分的元素不需要进行比较，故减少了比较次数，降低了排序时间。

首先在要排序的序列a中选取一个中轴值，而后将序列分成两个部分，其中左边的部分b中的元素均小于或者等于中轴值，右边的部分c的元素均大于或者等于中轴值，而后通过递归调用快速排序的过程分别对两个部分进行排序，最后将两部分产生的结果合并即可得到最后的排序序列。

(27) (28) (29) (30) 参考答案：C B C D

试题解析 多值属性即一个属性对应多个值。题干中一个部门有多个员工，一个员工只在一个部门，推出部门与员工之间为1:n。一个员工可以给多个顾客修车，一个顾客可以由多个员工修车，推出员工与顾客之间是*:*，一个多对多的关系主键为双方实体主码组合而成，但本题由于有一个顾客可以找多名员工多次修车的情况，因此需要再额外增加一个修车时间的属性，所以(29)题选项C比较合适。由于员工与部门之间存在n:1的联系，推出员工关系应该存在一个外键，关联到部门，所以(30)题选择D比较合适。

(31) (32) 参考答案：A C

试题解析 极限编程是一个轻量级的、灵巧的软件开发方法，同时它也是一个非常严谨和周密的方法。它的基础和价值观是交流朴素、反馈和勇气；即任何一个软件项目都可以从4个方面入手进行改善；加强交流，从简单做起，寻求反馈，勇于实事求是。XP是一种近螺旋式的开发方法，它将复杂的开发过程分解为各个相对比较简单的小周期；通过积极的交流、反馈以及其他一系列的方法，开发人员和客户可以非常清楚开发进度、变化、待解决的问题和潜在的困难等；并根据实际情况及时地调整开发过程。

极限编程鼓励从最简单的解决方式入手再通过不断重构达到更好的结果。这种方法与传统系统开发方式的不同之处在于，它只关注对当前的需求来进行设计、编码，而不去理会明天、下周或者下个月会出现的需求。在XP中，每个对项目做贡献的人都应该是项目开发小组中的一员。

每个不同的项目都需要一套不同的策略，约定和方法论是水晶法的内容，极限编程的主要目标是降低因需求变更带来的成本。

XP的12个最佳实践为：计划游戏、小型发布、隐喻、简单设计、测试先行、重构、结对编程、集体代码所有制、持续集成、每周工作40小时、现场客户、编码标准。

(33) (34) 参考答案：D C

试题解析 本题关键路径为：ADFHJ和ADFIHJ，整个关键路径长度都是37天，因此完成该项目的最少时间即为关键路径时间。

松弛时间是在不影响整个工期的前提下，完成该任务有多少机动时间。ADF是经过F的最长时间（18天），而不影响FGJ完成，还需要3+7=10天，总路径37-10=27天（最晚完成时间），27-18=9天

⚡**试题解析** 操作系统的作用：①通过资源管理提高计算机系统的效率；②改善人机界面，向用户提供友好的工作环境。

(13) **参考答案**：B

⚡**试题解析** 三态模型是进程管理的模型。

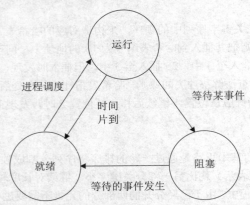

进程调度是真正让某个就绪的进程到处理机上运行，而作业调度只是使作业具有了竞争处理机的机会。

(14) **参考答案**：A

⚡**试题解析** 当所有进程运行完成/未开始时，S的取值为3，当所有进程同时并发时，S=3-n，其他的时候在3-n～3内变化。

(15) **参考答案**：C

⚡**试题解析** 单处理系统是利用一个处理单元与其他外部设备结合起来，实现存储、计算、通信、输入与输出等功能的系统。
多个进程并发时，1个处理单元同一时刻最多允许被1个进程占用。

(16) **参考答案**：D

⚡**试题解析** 页号占用20位，最多允许2^{20}个页=1M个页；页内地址12位，每页的大小为2^{12}=4K。

(17)(18) **参考答案**：C A

⚡**试题解析** 前序遍历：先访问根节点，再依次按前序遍历的方式访问根节点的左子树、右子树。
后序遍历：先中序遍历根节点的左子树，再中序遍历根节点的右子树，再访问根节点。
二叉树采用中序遍历得中缀表达式，采用后序遍历得后缀表达式。

(19)(20) **参考答案**：C D

⚡**试题解析** 传址调用（引用调用）是将实参地址传给形参。
由于f1采用传值调用，x值不发生变化，x=5；f2采用传址调用，会对b的值产生影响，当执行b=x-1后，b=4，当执行f2中2*x+1后，b=9；所以最后b*x=9*5=45。

(21) **参考答案**：B

⚡**试题解析** 本题数组下标从1开始，a[5,6]按行存储，其前4行已经存满，所在行前5个元素已经存满，所以a[5,6]偏移的元素个数为：4*8+5，a[5,6]地址为1004+(4*8+5)*4。

(22) **参考答案**：A

⚡**试题解析** 左括号入栈，右括号出栈，该题中括号为"()"，所以当执行第二个右括号时，其第一个左括号已经出栈，栈为空栈。

(23) **参考答案**：B

⚡**试题解析** 子长度为3，则至少需要3个字符，在本题中are是最后一个满足要求的，sof是第一个满足要求的，只要第一个字符位于s与a之间就满足要求，依此类推，s到a的距离是6个，一共有6个子串。

(24) **参考答案**：D

⚡**试题解析** 元素G为F的右子树，其下标为2F+1；F为元素的右子树，其下标为2E+1，E的下

问题 2		
问题 3		
评阅人		校阅人		小 计	

试 题 四 解 答 栏	得 分
问题 1	
问题 2	

问题3				
评阅人		校阅人	小计	

试题二解答栏	得分
问题1	
问题2	

评阅人		校阅人	小计	

试题三解答栏	得分
问题1	

(1) 备选答案：

A．评审　　　　　　　B．分析　　　　　　　C．仿真　　　　　　　D．测试

【问题 2】(10 分)

为了测试此软件功能，测试人员设计了表 5-1 所示的测试用例，请填写该表中的空（1）～（5）。

表 5-1

序号	前置条件	输入	输出（预期结果）
1	无	不能创建信道	组网失败，软件一直在组网状态
2	无	创建信道成功	组网成功，__(1)__
3	组网成功	数据类型无效	各层事件扫描
4	组网成功	数据类型有效且为__(2)__	经串口将室内温、湿度数据发送至网关
5	组网成功	数据类型有效且为火灾监测数据	__(3)__
6	组网成功	数据类型有效且为台灯控制指令	向__(4)__控制节点发送控制指令
7	组网成功	数据类型有效且为__(5)__	向空调控制节点发送控制指令
8	组网成功	数据类型有效，但既不是室内环境数据也不是控制指令	各层事件扫描

【问题 3】(6 分)

覆盖率是度量测试完整性和测试有效性的一个指标。在嵌入式软件白盒测试过程中，通常以语句覆盖率、条件覆盖率和 MC/DC 覆盖率作为度量指标。

在实现第（4）条功能时，设计人员采用了下列算法：

if ((数据有效==TRUE) && (数据类型==室内环境数据))
{ 数据经串口发送到网关; }
if ((数据有效==TRUE) && (数据类型==控制指令))
{ 向控制节点发送控制指令; }

请指出对上述算法达到 100%语句覆盖、100%条件覆盖和 100%MC/DC 覆盖所需的最少测试用例数目，并填写在表 5-2 的空（1）～（3）中。

表 5-2

覆盖率类型	所需的最少测试用例数
100%语句覆盖	__(1)__
100%条件覆盖	__(2)__
100% MC/DC 覆盖	__(3)__

该酒店集团开发了一个程序来计算会员每次入住后所累积的积分，程序的输入包括会员级别 L、酒店等级 C 和消费金额 A（单位：元），程序的输出为本次积分 S。其中，L 为单个字母且大小写不敏感，C 为取值 1～6 的整数，A 为正浮点数且最多保留两位小数，S 为整数。

【问题 1】（7 分）

采用等价类划分法对该程序进行测试，等价类表见表 2-3，请补充表 2-3 中空（1）～（7）。

表 2-3

输入条件	有效等价类	编号	无效等价类	编号
会员级别 L	M	1	非字母	9
	G	2	非单个字母	10
	（1）	3	（5）	11
酒店等级 C	（2）	4	非整数	12
	2，3	5	（6）	13
	（3）	6	大于 6 的整数	14
	6	7		
消费金额 A	（4）	8	非浮点数	15
			（7）	16
			多于两位小数的正浮点数	17

【问题 2】（13 分）

根据以上等价类表设计的测试用例见表 2-4，请补充表 2-4 中空（1）～（13）。

表 2-4

编号	输入 L	输入 C	输入 A	覆盖等价类（编号）	预期输出 S
1	M	1	100	1，4，8	（1）
2	G	2	（2）	2，5，8	550
3	P	5	100	（3）	900
4	M	（4）	100	1，7，8	1000
5	（5）	1	100	4，8，9	N/A
6	（6）	1	100	4，8，10	N/A
7	A	1	100	4，8，11	（7）
8	M	（8）	100	1，8，12	N/A
9	M	0	100	（9）	N/A
10	M	（10）	100	1，8，14	N/A
11	M	1	（11）	1，4，15	N/A
12	M	1	（12）	1，4，16	N/A
13	M	1	（13）	1，4，17	N/A

试题三（20 分）

阅读下列说明，回答问题 1 至问题 3，将解答填入答题纸的对应栏内。

【说明】

某公司欲开发一套基于 Web 的房屋中介系统，以有效管理房源和客户，提升成交效率。该系统的主要功能是：

（1）房源管理。员工或客户对客户拟出售/出租的意向房进行登记和管理。
（2）客户管理。员工对客户信息进行管理，支持客户交互。
（3）房源推荐。根据客户的需求和房源情况，进行房源推荐。
（4）交易管理。对租售客户双方进行交易管理，收取中介费，更改客户状态。

试题一（15分）

阅读下列 C 程序，回答问题 1 至问题 3，将解答填入答题纸的对应栏内。

【C 程序】

```
static   void permute_args(int panonopt_start, int panonopt_end, int opt_end, int ncycle){

int cstart,cyclelen,i,j,nnonopts,nopts,pos;              //1

nnonopts=panonopt_end  -   panonopt_start ;
nopts=opt_end – panonopt_end ;
cyclelen= ( opt_end – panonopt_start ) / ncycle ;

for ( i=0; i<ncycle ;i++ ) {              //2
   cstart=panonopt_end + i ;              //3
   pos = cstart ;
   for (j=0 ;j < cyclelen ; j++ ) {       //4
      if (pos >= panonopt_end )           //5
         pos -= nnonopts ;                //6
      else
         pos +=nopts ;                    //7
      }
   }                                      //8
}
```

【问题 1】（3 分）

请针对上述 C 程序给出满足 100%DC（判定覆盖）所需的逻辑条件。

【问题 2】（8 分）

请画出上述程序的控制流图，并计算其控制流图的环路复杂度 V(G)。

【问题 3】（4 分）

请给出[问题 2]中控制流图的线性无关路径。

试题二（20分）

阅读下列说明，回答问题 1 至问题 2，将解答填入答题纸的对应栏内。

【说明】

某连锁酒店集团实行积分奖励计划，会员每次入住集团旗下酒店均可以获得一定积分，积分由欢迎积分加消费积分构成。其中欢迎积分跟酒店等级有关，具体标准见表 2-1；消费积分跟每次入住消费金额有关，具体标准为每消费 1 元获得 2 积分（不足 1 元的部分不给分）。此外，集团会员分为优先会员、金会员、白金会员 3 个级别，金会员和白金会员在入住酒店时可获得消费积分的额外奖励，奖励规则见表 2-2。

表 2-1

酒店等级	每次入住可获得的欢迎积分
1	100
2，3	250
4，5	500
6	800

表 2-2

会员级别	优先会员	金会员	白金会员
级别代码	M	G	P
额外积分奖励	0	50%	100%

● 以下关于软件测试分类的叙述中，不正确的是__(55)__。
　　(55) A． 按照软件开发阶段可分为单元测试、集成测试、系统测试等
　　　　 B． 按照测试实施组织可分为开发方测试、用户测试和第三方测试等
　　　　 C． 按照测试技术可分为白盒测试、黑盒测试等
　　　　 D． 按照测试持续时长可分为确认测试、验收测试等
● 以下关于软件质量属性的叙述中，不正确的是__(56)__。
　　(56) A． 功能性是指软件满足明确和隐含要求功能的能力
　　　　 B． 易用性是指软件能被理解、学习、使用和吸引用户的能力
　　　　 C． 效率是指软件维持规定容量的能力
　　　　 D． 维护性是指软件可被修改的能力
● Bug 记录信息包括__(57)__。
　　①被测软件名称　②被测软件版本　③测试人　④错误等级　⑤开发人　⑥详细步骤
　　(57) A．①③④⑥　　　B．①②④⑥　　　C．①②③④⑥　　　D．①②③④⑤⑥
● 自动化测试的优势不包括__(58)__。
　　(58) A．提高测试效率　　　　　　　　　　B．提高测试覆盖率
　　　　 C．适用于所有类型的测试　　　　　　D．更好地利用资源
● 以下关于因果图法测试的叙述中，不正确的是__(59)__。
　　(59) A． 因果图法是从自然语言书写的程序规格说明中找出因和果
　　　　 B． 因果图法不一定需要把因果图转成判定表
　　　　 C． 为了去掉不可能出现的因果组合，需要标明约束条件
　　　　 D． 如果设计阶段就采用了判定表，则不必再画因果图
● 一个程序的控制流图中有 8 个节点、12 条边，在测试用例数最少的情况下，确保程序中每个可行语句至少执行一次所需测试用例数的上限是__(60)__。
　　(60) A．2　　　　　　B．4　　　　　　C．6　　　　　　D．8
● 对于逻辑表达式(((a|b)||(c>2))&&d<0)，需要__(61)__个测试用例才能完成条件组合覆盖。
　　(61) A．2　　　　　　B．4　　　　　　C．8　　　　　　D．16
● __(62)__不属于网络测试对象。
　　(62) A．服务器　　　B．路由器　　　C．网段　　　D．CPU
● __(63)__不属于网络测试的测试类型。
　　(63) A．可靠性测试　B．可接受性测试　C．存储容量测试　D．吞吐量测试
● __(64)__不属于数据库性能测试的测试指标。
　　(64) A．内存利用　　B．会话统计　　C．带宽　　D．SQL 执行情况
● 以下关于文档测试的叙述中，不正确的是__(65)__。
　　(65) A． 文档要面向所有级别读者　　　　B．文档中用到的术语要符合行业规范
　　　　 C． 需要检查所有信息是否真实正确　D．需要检查软件返回结果跟文档描述是否一致
● 以下关于 Web 测试的叙述中，不正确的是__(66)__。
　　(66) A． 与其他系统的测试内容不同　　　B．与其他系统的测试手段基本相同
　　　　 C． 与其他系统的测试重点不同　　　D．与其他系统采用的测试工具部分不同
● 用户口令测试应考虑的测试点包括__(67)__。
　　①口令时效　②口令长度　③口令复杂度　④口令锁定
　　(67) A．①③　　　B．②③　　　C．①②③　　　D．①②③④
● 以下不属于易用性测试的是__(68)__。
　　(68) A．安装测试　　B．负载测试　　C．功能易用性测试　　D．界面测试
● 通过遍历用例的路径上基本流和备选流的黑盒测试方法是__(69)__。
　　(69) A．等价类划分法　B．因果图法　C．边界值分析法　D．场景法

系统交付后,修改偶尔会出现乱码的问题属于__(42)__维护。
(42) A. 更正性　　　　B. 适应性　　　　C. 完善性　　　　D. 预防性
堆是一种数据结构,分为大顶堆和小顶堆两种类型。大(小)顶堆要求父元素大于等于(小于等于)其左右孩子元素,则__(43)__是一个小顶堆结构。堆结构用二叉树表示,则适宜的二叉树类型为__(44)__。对于10个节点的小顶堆,其对应的二叉树的高度(层数)为__(45)__。堆排序是一种基于堆结构的排序算法,该算法的时间复杂度为__(46)__。
(43) A. 10,20,50,25,30,55,60,28,32,38　　　　B. 10,20,50,25,38,55,60,28,32,30
　　 C. 60,55,50,38,32,30,28,25,20,10　　　　D. 10,20,60,25,30,55,50,28,32,38
(44) A. 普通二叉树　　B. 完全二叉树　　C. 二叉排序树　　D. 满二叉树
(45) A. 3　　　　　　　B. 4　　　　　　　C. 5　　　　　　　D. 6
(46) A. lgn　　　　　　B. nlgn　　　　　　C. n　　　　　　　D. n^2

下图是__(47)__设计模式的类图,该设计模式的目的是__(48)__,图中Decorator和Component之间是__(49)__关系,ConcreteDecorator和Decorator之间是__(50)__关系。

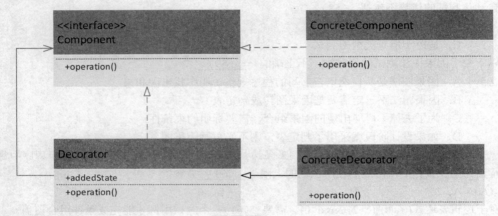

(47) A. 适配器　　　　B. 桥接　　　　　　C. 装饰　　　　　　D. 代理
(48) A. 将一个类的接口转换为客户期望的另一种接口,使得原本因接口不匹配而无法合作的类可以一起工作
　　 B. 将一个抽象与其实现分离开,以便两者能够各自独立地演变
　　 C. 为一个对象提供代理以控制该对象的访问
　　 D. 动态地给一个对象附加额外的职责,不必通过子类就能灵活地增加功能
(49) A. 依赖和关联　　B. 依赖和继承　　C. 关联和实现　　D. 继承和实现
(50) A. 依赖　　　　　B. 关联　　　　　　C. 继承　　　　　　D. 组合
软件测试的对象不包括__(51)__。
(51) A. 代码　　　　　B. 软件测试文档　　C. 相关文件数据　　D. 开发人员
集成测试的集成方式不包括__(52)__。
(52) A. 一次性集成　　B. 自中间到两端集成　C. 自顶向下集成　　D. 自底向上集成
以下测试项目不适合采用自动化测试的是__(53)__。
(53) A. 负载压力测试　　　　　　　　　　　B. 需要反复进行的测试
　　 C. 易用性测试　　　　　　　　　　　　D. 可以录制回放的测试
以下关于软件测试目的的叙述中,不正确的是__(54)__。
(54) A. 测试是程序的执行过程,目的在于发现错误
　　 B. 一个好的测试用例在于能发现至今未发现的错误
　　 C. 分析错误产生原因不便于软件过程改进
　　 D. 通过对测试结果分析整理,可以修正软件开发规则

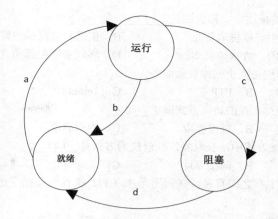

● 假设系统有 n（n≥6）个并发进程共享资源 R，且资源 R 的可用数为 3。若采用 PV 操作，则相应的信号量 S 的取值范围应为 (14) 。

(14) A. -(n-3)~3   B. -6~3   C. -(n-1)~1   D. -1~n-1

● 若 1 个单处理器的计算机系统中同时存在 3 个并发进程，则同一时刻允许占用处理器的进程 (15) 。

(15) A. 至少为 1 个   B. 至少为 2 个   C. 最多为 1 个   D. 最多为 2 个

● 某计算机系统采用页式存储管理方案，假设其地址长度为 32 位，其中页号占 20 位，页内地址 12 位。系统中页面总数与页面大小分别为 (16) 。

(16) A. 1K，1024K   B. 4K，1024K   C. 1M，1K   D. 1M，4K

● 某算术表达式用二叉树表示如下，该算术表达式的中缀式为 (17) ，其后缀式为 (18) 。

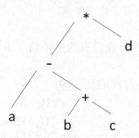

(17) A. a-b+c*d   B. a-(b+c)*d   C. (a-(b+c))*d   D. a-(b+c*d)
(18) A. abc+-d*   B. abcd*+-   C. ab-c+d*   D. abcd+*-

● 调用函数时若是引用调用方式，则是将 (19) 。下面所定义的函数 f1 为值调用方式，函数 f2 为引用调用方式。若有表达式 x=f1(5)，则函数调用执行完成后，该表达式中 x 获得的值为 (20) 。

```
f1(int x)              f2(int &x)
int b=x-1 ;            x=2*x+1 ;
f2(b);                 return ;
return b*x ;
```

(19) A. 实参的值传给形参   B. 形参的值传给实参
    C. 实参的地址传给形参   D. 形参的地址传给实参
(20) A. 5   B. 20   C. 36   D. 45

● 设数组 a[1..10,1..8]中的元素按行存放，每个元素占用 4 个存储单元，已知第一个数组元素 a[1,1]的地址为 1004，那么 a[5,6]的地址为 (21) 。

(21) A. 1004+(5*8+6)*4   B. 1004+(4*8+5)*4

以下关于信息和数据的描述中,错误的是 (1) 。
(1) A. 通常从数据中可以提取信息　　　　B. 信息和数据都由数字组成
　　 C. 信息是抽象的、数据是具体的　　　D. 客观事物中都蕴含着信息
  (2) 服务的主要作用是提供远程登录服务。
(2) A. Gopher　　　B. FTP　　　　C. Telnet　　　　D. E-mail
计算机系统中,CPU 对主存的访问方式属于 (3) 。
(3) A. 随机存取　　B. 顺序存取　　C. 索引存取　　　D. 哈希存取
在指令系统的各种寻址方式中,获取操作数最快的方式是 (4) 。
(4) A. 直接寻址　　B. 间接寻址　　C. 立即寻址　　　D. 寄存器寻址
在计算机外部设备和主存之间直接传送而不是由 CPU 执行程序指令进行数据传送的控制方式称为 (5) 。
(5) A. 程序查询方式　B. 中断方式　　C. 并行控制方式　D. DMA 方式
若计算机中地址总线的宽度为 24 位,则最多允许直接访问主存储器 (6) 的物理空间(以字节为单位编址)。
(6) A. 8MB　　　　B. 16MB　　　　C. 8GB　　　　　D. 16GB
根据《计算机软件保护条例》的规定,著作权法保护的计算机软件是指 (7) 。
(7) A. 程序及其相关文档　　　　　　　　B. 处理过程及开发平台
　　 C. 开发软件所用的算法　　　　　　　D. 开发软件所用的操作方法
以下说法中,错误的是 (8) 。
(8) A. 张某和王某合作完成一款软件,他们可以约定申请专利的权利只属于张某
　　 B. 张某和王某共同完成了一项发明创造,在没有约定的情况下,如果张某要对其单独申请专利就须征得王某的同意
　　 C. 张某临时借调到某软件公司工作,在执行该公司交付的任务的过程中,张某完成的发明创造属于职务发明
　　 D. 甲委托乙开发了一款软件,在没有约定的情况下,由于甲提供了全部的资金和设备,因此该软件著作权属于甲
防火墙对数据包进行过滤时,不能过滤的是 (9) 。
(9) A. 源和目的 IP 地址　　　　　　　　 B. 存在安全威胁的 URL 地址
　　 C. IP 协议号　　　　　　　　　　　　D. 源和目的端口
采用 (10) 表示带符号数据时,算术运算过程中符号位与数值位采用同样的运算规则进行处理。
(10) A. 补码　　　B. 原码　　　　C. 反码　　　　　D. 海明码
与 X⊕Y(即 X 与 Y 不相同时,X⊕Y 的结果为真)等价的逻辑表达式为 (11) 。
(11) A. X+Y　　　B. X·Y+$\overline{X}$·$\overline{Y}$　　C. $\overline{X}$+$\overline{Y}$　　D. X·$\overline{Y}$+$\overline{X}$·Y
操作系统的主要任务是 (12) 。
(12) A. 把源程序转换为目标代码
　　 B. 负责文字格式编排和数据计算
　　 C. 负责存取数据库中的各种数据,完成 SQL 查询
　　 D. 管理计算机系统中的软、硬件资源
假设某计算机系统中进程的三态模型如下图所示,那么图中的 a、b、c、d 处应分别填写 (13) 。
(13) A. 作业调度、时间片到、等待某事件、等待的事件发生
　　 B. 进程调度、时间片到、等待某事件、等待的事件发生
　　 C. 作业调度、等待某事件、等待的事件发生、时间片到
　　 D. 进程调度、等待某事件、等待的事件发生、时间片到

2017 年下半年

全国计算机技术与软件专业技术资格考试
2017 年下半年 软件评测师 上午试卷

（考试时间 9:00～11:30 共 150 分钟）

请按下述要求正确填写答题卡

1. 在答题卡的指定位置上正确写入你的姓名和准考证号，并用正规 2B 铅笔在你写入的准考证号下填涂准考证号。
2. 本试卷的试题中共有 75 个空格，需要全部解答，每个空格 1 分，满分 75 分。
3. 每个空格对应一个序号，有 A、B、C、D 四个选项，请选择一个最恰当的选项作为解答，在答题卡相应序号下填涂该选项。
4. 解答前务必阅读例题和答题卡上的例题填涂样式及填涂注意事项。解答时用正规 2B 铅笔正确填涂选项，如需修改，请用橡皮擦干净，否则会导致不能正确评分。

例题

● 2017 年下半年全国计算机技术与软件专业技术资格考试日期是 （88） 月 （89） 日。

（88）A. 9 B. 10 C. 11 D. 12
（89）A. 4 B. 5 C. 6 D. 7

因为考试日期是"11 月 4 日"，故（88）选 C，（89）选 A，应在答题卡序号 88 下对 C 填涂，在序号 89 下对 A 填涂（参看答题卡）。

设N较大，本机内存也足够大，可以存下A、B和结果矩阵。那么，为了加快计算速度，A和B在内存中的存储方式应选择__(27)__。

(27) A. A按行存储，B按行存储　　　　B. A按行存储，B按列存储
　　　C. A按列存储，B按行存储　　　　D. A按列存储，B按列存储

● 某企业职工关系EMP(E_no,E_name,DEPT,E_addr,E_tel)中的属性分别表示职工号、姓名、部门、地址和电话；经费关系FUNDS(E_no,E_limit,E_used)中的属性分别表示职工号、总经费金额和已花费金额。若要查询部门为"开发部"且职工号为"03015"的职工姓名及其经费余额，则相应的SQL语句应为：

SELECT __(28)__
FROM __(29)__
WHERE __(30)__

(28) A. EMP.E_no,E_limit-E_used　　　　B. EMP.E_name,E_used-E_limit
　　　C. EMP.E_no,E_used-E_limit　　　　D. EMP.E_name,E_limit-E_used
(29) A. EMP　　　B. FUNDS　　　C. EMP,FUNDS　　　D. IN[EMP,FUNDS]
(30) A. EMP.DEPT='开发部' OR EMP.E_no=FUNDS.E_no OR EMP.E.E_no='03015'
　　　B. EMP.DEPT='开发部' AND EMP.E_no=FUNDS.E_no AND EMP.E.E_no='03015'
　　　C. EMP.DEPT='开发部' OR EMP.E_no=FUNDS.E_no AND EMP.E.E_no='03015'
　　　D. EMP.DEPT='开发部' AND EMP.E_no=FUNDS.E_no OR EMP.E.E_no='03015'

● 以下关于瀑布模型的优点的叙述中，不正确的是__(31)__。
(31) A. 可规范化开发人员的开发过程
　　　B. 严格地规定了每个阶段必须提交的文档
　　　C. 要求每个阶段提交的所有制品必须是经过评审和验证的
　　　D. 项目失败的风险较低

● 现要开发一个软件产品的图形用户界面，则最适宜采用__(32)__过程模型。
(32) A. 瀑布　　　B. 原型化　　　C. 增量　　　D. 螺旋

● 某软件项目的活动图如下图所示，其中顶点表示项目里程碑，连接顶点的边表示包含的活动，边上的数字表示活动的持续时间（天）。活动EH最多可以晚开始__(33)__天而不影响项目的进度。由于某种原因，现在需要同一个工作人员完成BC和BD，则完成该项目的最少时间为__(34)__天。

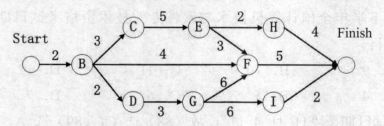

(33) A. 0　　　B. 1　　　C. 2　　　D. 3
(34) A. 11　　B. 18　　C. 20　　D. 21

● 关于风险的叙述中，不正确的是__(35)__。
(35) A. 风险是可能会发生的事　　　　B. 风险会给项目带来损失
　　　C. 只要能预测到，风险就能避免　　D. 可以对风险进行干预，以期减少损失

● 对某商店业务处理系统采用数据流图(DFD)进行功能建模，其中"检查订货单"是其中一个__(36)__。由于在进行订货单检查时，需要根据客户的欠款情况、订货金额等多个条件判断是否采取发出催款单、准备货物、发出发货单等行为，此时适合采用__(37)__进行描述。

(36) A. 外部实体　　B. 加工　　　C. 数据流　　　D. 数据存储
(37) A. 流程图　　　B. 决策树　　C. 伪代码　　　D. 程序语言代码

- 模块 A 将其中的学生信息，即学生姓名、学号、手机号等放到一个结构体中，传递给模块 B，则模块 A 和 B 之间的耦合类型为__(38)__耦合。

  (38) A. 数据　　　　　B. 标记　　　　　C. 控制　　　　　D. 内容

- 某模块内涉及多个功能，这些功能必须以特定的次序执行，则该模块的内聚类型为__(39)__内聚。

  (39) A. 时间　　　　　B. 过程　　　　　C. 信息　　　　　D. 功能

- 给定包含 n 个正整数的数组 A 和正整数 x，要判断数组 A 中是否存在两个元素之和等于 x，先用插入排序算法对数组 A 进行排序，再用以下过程 P 来判断是否存在两个元素之和等于 x。

  ```
  low=1;
  high=n;
  while（high>low）
  if A[low]+A[high]=X return true;
  else if A[low]+A[high]>x low++;
  else high--;
  return false;
  ```

  则过程 P 的时间复杂度为__(40)__，整个算法的时间复杂度为__(41)__。

  (40) A. $O(n)$　　　　B. $O(nlgn)$　　　C. $O(n^2)$　　　D. $O(n^2 lgn)$

  (41) A. $O(n)$　　　　B. $O(nlgn)$　　　C. $O(n^2)$　　　D. $O(n^2 lgn)$

- 高度为 n 的完全二叉树最少的节点数为__(42)__。

  (42) A. 2^{n-1}　　　B. $2^{n-1}+1$　　C. 2^n　　　　D. 2^n-1

- 采用折半查找算法在有序表{7，15，18，21，27，36，42，48，51，54，60，72}中寻找 15 和 38，分别需要进行__(43)__次元素之间的比较。

  (43) A. 3 和 1　　　　B. 3 和 2　　　　C. 4 和 1　　　　D. 4 和 3

- 下图是__(44)__设计模式的类图，该设计模式的目的是__(45)__，图中，Abstraction 和 RefinedAbstraction 之间是__(46)__关系，Abstraction 和 Implementor 之间是__(47)__关系。

  (44) A. 适配器　　　　B. 桥接　　　　　C. 装饰　　　　　D. 代理

  (45) A. 将一个类的接口转换为客户期望的另一种接口，使得原本由于接口不匹配而无法合作的类可以一起工作

  　　 B. 将一个抽象与其实现分离开，以便两者能够各自独立地演变

  　　 C. 动态地给一个对象附加额外的职责，不必通过对子类就能灵活地增加功能

  　　 D. 为一个对象提供代理以控制该对象的访问

  (46) A. 依赖　　　　　B. 关联　　　　　C. 继承　　　　　D. 聚合

  (47) A. 依赖　　　　　B. 关联　　　　　C. 继承　　　　　D. 聚合

- 传统编译器在进行词法分析、语法分析、代码生成等步骤的处理时，前一阶段处理的输出是后一阶段处理的输入，则采用的软件体系结构风格是__(48)__。该体系结构的优点不包括__(49)__。

  (48) A. 管道过滤器　　B. 分层　　　　　C. 信息库　　　　D. 发布订阅

(72) A. competition   B. agreement   C. cooperation   D. collaboration
(73) A. total   B. complete   C. partial   D. entire
(74) A. technology   B. standard   C. pattern   D. model
(75) A. area   B. goal   C. object   D. extent

全国计算机技术与软件专业技术资格考试
2017年下半年 软件评测师 下午试卷

（考试时间 14:00～16:30 共150分钟）

请按下述要求正确填写答题纸

1. 在答题纸的指定位置填写你所在的省、自治区、直辖市、计划单列市的名称。
2. 在答题纸的指定位置填写准考证号、出生年月日和姓名。
3. 答题纸上除填写上述内容外只能写解答。
4. 本试卷共5道题，试题一至试题二是必答题，试题三至试题五选答2道，满分75分。
5. 解答时字迹务必清楚，字迹不清时，将不评分。
6. 仿照下面例题，将解答写在答题纸的对应栏内。

例题

2017年下半年全国计算机技术与软件专业技术资格考试日期是 __(1)__ 月 __(2)__ 日。

因为正确的解答是"11月4日"，故在答题纸的对应栏内写上"11"和"4"（参看下表）。

例题	解答栏
（1）	11
（2）	4

试题三（20分）

阅读下列说明，回答问题1至问题3，将解答填入答题纸的对应栏内。

【说明】某公司欲开发一套基于Web的通用共享单车系统。该系统的主要功能如下：

（1）商家注册、在线支付；后台业务员进行车辆管理与监控、查询统计、报表管理、价格设置、管理用户信息。

（2）用户输入手机号并在取验证码后进行注册、点击"用车"后扫描并获取开锁密码、锁车（机械锁由用户点击"结束用车"）后3秒内显示计算的费用，用户确认后支付、查看显示时间与路线及其里程、预约用车、投诉。

【问题1】（6分）

采用性能测试工具在对系统性能测试时，用Apdex（应用性能指数）对用户使用共享单车的满意度进行量化，系统需要满足Apdex指数为0.90以上。Apdex量化时，对应用户满意度分为3个区间，通过响应时间数值T来划分，T值代表着用户对应用性能满意的响应时间界限或者说是"门槛"（Threshold）。针对用户请求的响应时间，Apdex的用户满意度区间如下：

满意：(0,T]让用户感到很愉快。
容忍：(T, 4T] 慢了一点，但还可以接受，继续这一应用过程。
失望：>4T，太慢了，受不了了，用户决定放弃这个应用。

Apdex的计算如下：Apdex= (小于T的样本数+T~4T的样本数/2)/总样本数。

针对用户功能，本系统设定 T=2秒，记录响应时间，统计样本数量，2秒以下记录数3000，2~8秒记录数1000，大于8秒记录数500。

请计算本系统的Apdex指数，并说明本系统是否达到要求。

【问题2】（6分）

系统前端采用HTML5实现，已使用户可以通过不同的移动设备的浏览器进行访问。设计兼用行测试矩阵，对系统浏览器兼容性进行测试。

【问题3】（8分）

针对用户手机号码获取验证码进行注册的功能，设计4个测试用例（假设合法手机号码为11位数字，验证码为4位数字）。

试题四（20分）

阅读下列说明，回答问题1至问题4，将解答填入答题纸的对应栏内。

【说明】图4-1是某企业信息系统的一个类图，图中属性和方法前的"+""#"和"-"分别表示公有成员、保护成员和私有成员。其中：

（1）类Manager重新实现了类Employee的方法calSalary()，类Manager中的方法querySalary()继承了其父类Employee的方法querySalary()。

（2）创建类Employee的对象时，给其设置职位（position）、基本工资（basicSalary）等信息。方法calSalary()根据个人的基本工资、当月工资天数（WorkDays）和奖金（Bonus）等按特定规则计算员工工资。

（3）类Department中的方法statSalary()中首先调用了该类的方法load()获取本部门员工列表，然后调用了类Employee中的方法calSalary()。

现拟采用面向对象的方法进行测试。

【问题1】（5分）

图4-1所示的类图中，类Manager和类Employee之间是什么关系？该关系对测试的影响是什么？

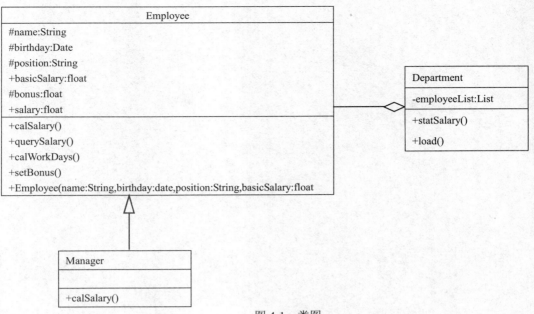

图 4-1 类图

【问题 2】（6 分）
（1）类 Manager 重新实现了类 Employee 的方法 calSalary()，这是面向对象的什么机制？是否需要重新测试该方法？
（2）类 Manager 中的方法 querySalary()继承了其父类 Employee 的方法 querySalary()，是否需要重新测试该方法？

【问题 3】（6 分）
（1）请结合题干说明中的描述，给出测试类 Employee 方法 calSalary()时的测试序列。
（2）请给出类图 4-1 中各个类的测试顺序。

【问题 4】（3 分）
从面向对象多态特性考虑，测试方法 statSalary( )时应注意什么？

试题五（20 分）

阅读下列说明，回答问题 1 至问题 3，将解答填入答题纸的对应栏内。
【说明】某飞行器供油阀控制软件通过控制左右两边的油箱 BL、BR 向左右发动机 EL、ER 供油，既要保证飞行器的安全飞行，又要保证飞行器的平衡，该软件主要完成的功能如下：
（1）无故障情况下，控制左油箱 BL 向左发动机 EL 供油，右油箱 BR 向右发动机 ER 供油，不上报故障。
（2）当左油箱 BL 故障时，控制右油箱 BR 分别向左、右发动机 EL 和 ER 供油，并上报二级故障——左油箱故障。
（3）当右油箱 BR 故障时，控制左油箱 BL 分别向左、右发动机 EL 和 ER 供油，并上报二级故障——右油箱故障。
（4）当左发动机 EL 故障时，根据左、右油箱的剩油量决定（如果左、右油箱剩油量之差大于等于 50 升，则使用剩油量多的油箱供油，否则同侧优先供油）左油箱 BL 还是右油箱 BR 向右发动机 ER 供油，并上报一级故障——左发动机故障。
（5）当右发动机 ER 故障时，根据左、右油箱的剩油量决定（如果左右油箱剩油量之差大于等于 50 升，则使用剩油量多的油箱供油，否则同侧优先供油）左油箱 BL 还是右油箱 BR 向左发动机 EL 供油，并上报一级故障——右发动机故障。

全国计算机技术与软件专业技术资格考试
2017年下半年 软件评测师 下午试卷答题纸

（考试时间　14:00～16:30　共150分钟）

试题号	一	二	三	四	五	总分
得　分						
评阅人						加分人
校阅人						

试 题 一 解 答 栏	得　分
问题1	
问题2	

问题4				
评阅人		校阅人		小计

	试 题 五 解 答 栏	得 分
问题1		
问题2		
问题3		
评阅人		校阅人		小计

全国计算机技术与软件专业技术资格考试
2017年下半年 软件评测师 上午试卷解析

（1）**参考答案**：B

试题解析 IF 后面是选择判断，如果满足就为真，输出"输入正确"，如果不满足就为假，输出"输入错误"。其中 F1 的值为 38，不满足 IF 条件，取表达式中最后一项，所以为输入错误。

（2）**参考答案**：B

试题解析 本题考查 HTTP 协议和 SMTP 协议的基础知识。HTTP 协议为超文本传输协议，用于从 Web 服务器向 Web 用户代理（即浏览器）传送文件（或对象）；SMTP 协议为简单邮件传输协议，用于从一个邮件服务器向另一个邮件服务器传送文件（也就是电子邮件消息）。另外，HTTP 协议后面为双正斜杠（//），而不是双反斜杠（\\）。

（3）**参考答案**：B

试题解析 本题考查控制器中程序计数器的基础知识。通用寄存器用于传送和暂存数据，也可参与算术逻辑运算，并保存运算结果。程序计数器是用于存放下一条指令所在单元的地址的地方。指令寄存器是临时放置从内存里面取得的程序指令的寄存器，用于存放当前从主存储器读出的正在执行的一条指令。地址寄存器用来保存当前 CPU 所访问的内存单元的地址。

（4）**参考答案**：C

试题解析 无条件传送是不查询外设状态而直接进行输入输出的一种方式，简单、经济，但可靠性差。中断就是打断中央处理器正在执行的工作，去处理其他更重要或者紧急的任务。程序查询首先查询外设状态，满足条件时才进行数据的传送，简单、可靠性高，但 CPU 效率低。DMA 即直接存储器存取方式，特点是数据从输入/输出模块到主存传输过程中，无需 CPU 中转。数据在内存与 I/O 设备间直接成块传送，不需要 CPU 的任何干涉。

（5）**参考答案**：C

试题解析 本题考查 CPU 主要部件的基础知识。中央处理器主要包括运算器和高速缓冲存储器（Cache）及实现它们之间联系的数据（Data）、控制及状态的总线（Bus）。它与内部存储器（Memory）和输入/输出（I/O）设备合称为电子计算机三大核心部件。所以 CPU 主要由运算器、控制器、寄存器组和内部总线等部件组成。

（6）**参考答案**：D

试题解析 本题考查计算机评价的主要性能指标的基础知识。计算机评价的指标有时钟频率（主频）、字长、存取周期、数据处理速率、运算精度、内存容量等。

（7）**参考答案**：D

试题解析 字长是指计算机能表示的二进制数的位数。这个位数越长，能表示的精度就越大。

（8）**参考答案**：D

试题解析 防火墙，也称防护墙，是一种位于内部网络与外部网络之间的网络安全系统。计算机流入流出的所有网络通信均要经过防火墙。防火墙可以控制进出网络的数据包和数据流向提供流量信息的日志和审计，隐藏内部 IP 以及网络结构细节。但防火墙不提供漏洞扫描功能。

（9）**参考答案**：B

试题解析 计算机软件著作权保护的对象是计算机软件，即计算机程序及其有关文档。计算机程序是指为了得到某种结果而可以由计算机等具有信息处理能力的装置执行的代码化指令序列，或者可以被自动转换成代码化指令序列的符号化序列或者符号化语句序列。同一计算机程序的源程序和目标程

3）行为型模式：模板方法模式、命令模式、迭代器模式、观察者模式、中介者模式、备忘录模式、解释器模式（Interpreter模式）、状态模式、策略模式、职责链模式（责任链模式）、访问者模式。A、C项为结构型设计模式，B项为创建型设计模式。

(25)(26) 参考答案：C C

试题解析 本题考查结构化分析方法中行为建模的基础知识。结构化分析方法是一种软件开发方法，一般利用图形表达用户需求，强调开发方法的结构合理性以及所开发软件的结构合理性。

结构化分析模型的核心是数据字典，它描述了所有的在目标系统中使用的和生成的数据对象。围绕着这个核心有3种图：

1）实体联系（关系）图（ERD）：描述了数据对象及数据对象之间的关系，属于数据建模，包括3种基本元素（数据对象、属性和关系）。

2）数据流图（DFD）：描述数据在系统中如何被传送或变换，以及描述如何对数据流进行变换的功能（子功能），用于功能建模，基本要素有4种（外部实体、加工、数据流和数据存储）。

3）状态－迁移图（STD）：描述系统对外部事件如何响应、如何动作，表示系统中各种行为状态以及状态之间的转换，用于行为建模，基本要素为状态和转换条件。

(27) 参考答案：B

试题解析 矩阵相乘最重要的方法是一般矩阵乘积。它只有在第一个矩阵的列数（column）和第二个矩阵的行数（row）相同时才有意义。当矩阵A的列数等于矩阵B的行数时，A与B可以相乘。乘积C的第m行第n列的元素等于矩阵A的第m行的元素与矩阵B的第n列对应元素乘积之和。

(28)(29)(30) 参考答案：D C B

试题解析 查询的结果为职工姓名（E_name）和经费余额，经费余额=总经费金额-已花费金额（E_limit-E_used）。因为涉及姓名和金额，所以需要从两个关系表中（EMP和FUNDS）同时取数据。从建立关系的结果中查找部门为开发部、职工号为03015的信息，所有关系之间是"且（AND）"的关系。

(31) 参考答案：D

试题解析 瀑布模型是一个项目开发架构，开发过程是通过设计一系列阶段顺序展开的，从系统需求分析开始直到产品发布和维护，每个阶段都会产生循环反馈，因此，如果有信息未被覆盖或者发现了问题，那么最好"返回"上一个阶段并进行适当的修改，项目开发进程从一个阶段"流动"到下一个阶段，这也是瀑布模型名称的由来。

瀑布模型有以下优点：

1）为项目提供了按阶段划分的检查点。
2）当前一阶段完成后，只需要去关注后续阶段。
3）可在迭代模型中应用瀑布模型。
4）它提供了一个模板，这个模板使得分析、设计、编码、测试和支持的方法可以在该模板下有一个共同的指导。

瀑布模型有以下缺点：

1）各个阶段的划分完全固定，阶段之间产生大量的文档，极大地增加了工作量。
2）由于开发模型是线性的，用户只有等到整个过程的末期才能见到开发成果，从而增加了开发风险。
3）通过过多的强制完成日期和里程碑来跟踪各个项目阶段。
4）瀑布模型的突出缺点是不适应用户需求的变化。

D项不属于瀑布模型的特点，是螺旋模型的特点。

(32) 参考答案：B

试题解析 原型化技术适用于用户不明确、管理及业务处理不稳定、需求常常变化、规模小且不太复杂、不要求集中处理的系统或者是有比较成熟的借鉴经验的系统开发中。原型模型是逐步演化成最终软件产品的过程，特别适用于对软件需求缺乏准确认识的情况。

瀑布模型给出了软件生存周期各阶段的固定顺序，上一个阶段完成后才能进入下一个阶段，瀑布模型的缺点是缺乏灵活性。

增量模型采用随着日程时间的进展而交错的线性序列，每一个线性序列产生软件的一个可发布的"增量"。当使用增量模型时，第一个增量往往是核心的产品，即第一个增量实现了基本的需求，但很多补充的特征还没有发布。客户对每一个增量的使用和评估都作为下一个增量发布的新特征和功能，这个过程在每一个增量发布后不断重复，直到产生了最终的完善产品。

螺旋模型提出于 1988 年，由瀑布模型和原型模型相结合而成，综合了二者的优点，并增加了风险分析。

(33)(34) 参考答案：C D

📝试题解析　本题考查关键路径和松弛时间的相关知识。经计算总工期（关键路径为 ABCEFJ 和 ABDGFJ）为 18 天，ABCE 执行完为 10 天，倒推 HJ 在 H 点时为 18-4=14，EH 持续需要 2 天，则自由时间为 14-2-10=2。BC 持续时间 3 天，BD 持续时间 2 天，由一人完成，则可以把 BC 持续时间作为 5 天，BD 持续时间也为 5 天，则关键路径为 ABDGFJ（ABCEFJ 此时为 20 天），2+5+3+6+5=21 天。

(35) 参考答案：C

📝试题解析　项目风险是指可能导致项目损失的不确定性，项目管理大师马克思·怀德曼将其定义为某一事件发生给项目目标带来不利影响的可能性。风险有两个特点：一个是不确定性；一个是损失。所以，项目风险是不可避免的。

(36)(37) 参考答案：B B

📝试题解析　数据流图（Data Flow Diagram，DFD），从数据传递和加工角度，以图形方式来表达系统的逻辑功能、数据在系统内部的逻辑流向和逻辑变换过程，是结构化系统分析方法的主要表达工具及用于表示软件模型的一种图示方法。

数据流程图中有以下几种主要元素：

数据流（→）：数据流是数据在系统内传播的路径，因此由一组成分固定的数据组成。如订票单由旅客姓名、年龄、单位、身份证号、日期、目的地等数据项组成。由于数据流是流动中的数据，所以必须有流向，除了与数据存储之间的数据流不用命名外，数据流应该用名词或名词短语命名。

数据源或宿（"宿"表示数据的终点□）：数据源或宿代表系统之外的实体，可以是人、物或其他软件系统。

对数据的加工（处理○）：加工是对数据进行处理的单元，它接收一定的数据输入，对其进行处理，并产生输出。因此检查订货单是一个加工。描述加工的方式有决策树、决策表和结构化语言，本题中为决策树，因为有多个分支的判断。

数据存储（=）：表示信息的静态存储，可以代表文件、文件的一部分、数据库的元素等。

(38) 参考答案：A

📝试题解析　本题考查模块耦合关系的基础知识。一般来说，模块之间的耦合有 7 种类型，根据耦合性从低到高为非直接耦合、数据耦合、标记耦合、控制耦合、外部耦合、公共耦合和内容耦合。

非直接耦合：两个模块之间没有直接关系，它们之间的联系完全是通过主模块的控制和调用来实现的。

数据耦合：一个模块访问另一个模块时，彼此之间通过数据参数（不是控制参数、公共数据结构或外部变量）来交换输入、输出信息。

标记耦合：模块通过参数表传递记录信息。

控制耦合：一个模块通过传送开关、标志、名字等控制信息，明显地控制选择另一模块的功能。

外部耦合：一组模块都访问同一全局简单变量，而不是同一全局数据结构，且不是通过参数表传递该全局变量的信息。

✎试题解析 本题考查软件测试的对象。根据软件测试的定义，软件包括程序、数据和文档。显然，质量改进措施没有包含在内，故正确答案为 D 项。

（52）参考答案：D
✎试题解析 本题考查单元测试的测试内容。单元测试是指对软件中的最小可测试单元进行检查和验证。主要测试的内容为边界测试、错误处理测试、路径测试、局部数据结构测试和模块接口测试。系统性能测试属于系统测试的一部分，不属于单元测试。

（53）参考答案：B
✎试题解析 本题考查文档测试的测试范围。文档分为用户文档、开发文档和管理文档。
用户文档：用户手册、操作手册和维护修改建议。
开发文档：软件需求说明书、数据库设计说明书、概要设计说明书、详细设计说明书和可行性研究报告。
管理文档：项目（软件）开发计划、测试计划、测试分析报告、开发进度月报和项目开发总结报告。
A、C 项属于管理文档，D 项属于用户文档。

（54）参考答案：C
✎试题解析 本题考查软件测试和软件质量保证的基础知识。C 选项所描述的是软件测试，而不是软件质量保证。软件质量保证是建立一套有计划、有系统的方法，来向管理层保证拟定出的标准、步骤、实践和方法能够正确地被所有项目所采用。软件质量保证的目的是使软件过程对于管理人员来说是可见的。

（55）参考答案：A
✎试题解析 本题考查软件测试原则的基础知识。软件测试的原则是所有的软件测试都应追溯到用户的需求，尽早地和不断地进行软件测试；完全测试是不可能的；充分注意测试中的群集现象；程序员应避免检查自己的程序（除单元测试以外）；尽量避免测试的随意性。①、②、③、④、⑤都是软件测试的原则，故正确答案为 A 项。

（56）参考答案：B
✎试题解析 按照开发阶段划分，软件测试可以分为单元测试、集成测试、系统测试、确认测试和验收测试。用户测试和第三方测试是按测试实施组织划分的。

（57）参考答案：D
✎试题解析 软件编码规范的评测内容一共包括源程序文档化、数据说明方法、语句结构、输入和输出 4 项。算法逻辑不属于软件编码规范的评测内容。

（58）参考答案：B
✎试题解析 本题考查确认测试的基础知识。确认测试又称为"有效性测试"，任务是验证软件的功能和性能以及其他特性是否与用户要求一致。确认测试一般由独立的第三方测试机构进行。如果没有第三方测试机构参与，也需要由开发单位与用户共同完成。确认测试包括系统有效性测试和软件配置复查两部分。

（59）参考答案：C
✎试题解析 本题考查黑盒测试方法的基础知识。等价类划分法是把所有可能的输入数据，即程序的输入域划分成若干部分（子集），然后从每一个子集中选取少数具有代表性的数据作为测试用例。
因果图法分析测试需求，根据需求确定输入的条件和输出条件。根据输入输出得到判定表，通过判定表得到测试用例。
边界值分析法是在等价类的基础上，取边界的值来设计测试用例。
场景法根据说明描述出程序的基本流及各项备选流；根据基本流和各项备选流生成不同的场景；对每一个场景生成相应的测试用例；对生成的所有测试用例重新复审，去掉多余的测试用例，测试用例确定后，对每一个测试用例确定测试数据值。

(60) 参考答案：D

试题解析　本题考查判定表测试法的基础知识。判定表依据软件规格说明建立，由条件桩、动作桩、条件项和动作项组成，然后确定规则的个数，用来为规则编号。若有 n 个原因，且每个原因的可取值为 0 或者 1，那么将会有 2 的 n 次方个规则，然后完成所有条件项的填写。完成所有的动作项的填写，得到初始判定表。最后合并相似规则，用以对初始判断表进行简化。

(61) 参考答案：C

试题解析　本题考查程序的控制流图的基础知识。这里涉及一个公式，要确保程序中每个可执行语句至少执行一次所需测试用例数的上限公式是：边数-节点数+2；套用到本题中就是 9-5+2=6。

(62) 参考答案：C

试题解析　本题考查条件组合覆盖的基础知识。条件组合覆盖选择足够的测试用例，使得每个判定中条件的各种可能组合都至少出现一次。本题目中有 3 个判定，所以需要 2^3=8 个测试用例。

(63) 参考答案：C

试题解析　本题考查黑盒测试方法选择策略的基础知识。如果程序功能说明含有输入条件组合，则一开始就需要使用因果图法或者判定表驱动法，而不是错误推测法。一般用错误推测法追加一些测试用例。

(64) 参考答案：A

试题解析　本题考查负载压力测试的基础知识。负载压力测试是在一定约束条件下测试系统所能承受的并发用户量、运行时间、数据量，以确定系统所能承受的最大负载压力。在真实环境下，检查系统服务等级的满足情况，评估并报告整个系统的性能；对系统的未来容量作出预测和规划。

(65) 参考答案：B

试题解析　本题考查负载压力测试指标的基础知识。负载压力测试常用的指标包括并发用户数、平均事务响应时间、吞吐量、点击率和资源利用率等。B 选项的查询结果正确性属于功能性测试范围。

(66) 参考答案：B

试题解析　白盒测试又称结构测试、透明盒测试、逻辑驱动测试或基于代码的测试。白盒测试是一种测试用例设计方法，盒子指的是被测试的软件，白盒指的是盒子是可视的，测试者清楚盒子内部的东西以及里面是如何运作的。黑盒测试是对软件外部表现进行测试，白盒测试才会针对代码进行测试。

(67) 参考答案：C

试题解析　本题考查 Web 测试的基础知识。由于 Web 应用与用户直接相关，又通常需要承受长时间的大量操作，因此 Web 项目的功能和性能都必须经过可靠的验证，这就要经过 Web 项目的全面测试。Web 应用程序测试与其他任何一种类型的应用程序测试相比没有太大差别。Web 系统测试与其他系统测试测试内容基本相同，只是测试重点不同。

(68) 参考答案：C

试题解析　本题考查安全防护策略的基础知识。安全防护策略包括入侵检测、隔离防护、安全日志和漏洞扫描。安全测试是在 IT 软件产品的生命周期中，特别是产品开发基本完成到发布阶段，对产品进行检验以验证产品符合安全需求定义和产品质量标准的过程。

(69) 参考答案：D

试题解析　本题考查标准符合性测试的基础知识。标准符合性测试根据测试主题所处的阶段不同，可分为过程符合性测试和验收符合性测试；按照测试内容的不同可分为数据内容类标准、通信协议类标准、开发接口类标准和信息编码类标准。根据测试方式不同可分为同步标准测试、追加标准测试、计划标准测试和双重目的测试。因此①、②、③、④都属于标准符合性测试按照测试内容的分类。

(70) 参考答案：B

全国计算机技术与软件专业技术资格考试
2017年下半年 软件评测师 下午试卷解析

试题一

【参考答案】
【问题1】
（1）*string && * String != '-'
（2）!(*string && * String != '-')
（3）!*String
（4）!(!*String)
（5）*string && * String != ' ' &&*String != '\n' && *String!= '\t'
（6）!(*string && * String != ' ' &&*String != '\n' && *String!= '\t')

【问题2】
控制流图为：

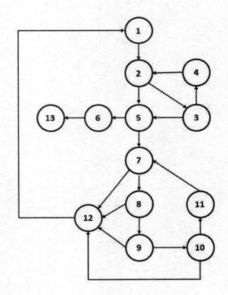

环路复杂度 V(G)=8。

【问题3】
（1）1、2、5、6、13。
（2）1、2、3、5、6、13。
（3）1、2、3、4、2、5、6、13。
（4）1、2、5、7、12、1……
（5）1、2、5、7、8、12、1……
（6）1、2、5、7、8、9、12、1……
（7）1、2、5、7、8、9、10、12、1……
（8）1、2、5、7、8、9、10、11、7、12、1……

试题四

【参考答案】

【问题 1】

（1）泛化关系，类 Manager 是类 Employee 的子类。

（2）泛化关系对测试的影响是：测试需要关注继承的成员函数是否需要测试；对父类的测试是否能用到子类上。

【问题 2】

（1）多态机制；需要重新测试；因为类 Manager 重新实现了类 Employee 的方法 calSalary()，在子类中重新进行了定义，所以需要重新测试。

（2）不需要重新测试，因为子类继承了父类的方法，只要父类的该方法通过了测试即可。

【问题 3】

（1）测试序列：Employee->calWorkDays()→Employee->setBonus()→Employee->calSalary()→Employee->querySalary()。

（2）先测试 Employee 类，然后测试 Manager 类，最后测试 Department 类。

【问题 4】

在原有的测试分析基础上增加对测试用例中输入数据的类型的考虑。先测试基类，然后再分别依据输入数据设计不同的测试用例。

试题五

【参考答案】

【问题 1】

（1）1 个

（2）2 个

（3）5 个

【问题 2】

（1）BR

（2）BL

（3）BR

（4）BL

（5）90

（6）80

（7）断油

（8）BL

（9）BL

（10）BR

（11）故障

（12）特级故障

【问题 3】

决策表法。

试题二

【参考答案】

【问题1】
（1）P
（2）12月12日
（3）最多保留两位小数的正浮点数
（4）M、S、P之外的单个字母
（5）非正浮点数

【问题2】
（1）1000
（2）500
（3）3，6，8
（4）3月5日（或其他日期）
（5）45（非字母）
（6）N/A
（7）K（非字母M、S、P）
（8）1，7，12
（9）1000.9845（多于两位小数的正浮点数）

【问题3】
（1）S<0
（2）S>20000
（3）S=19999
（4）S=20001
（5）S=-1
（6）S=1

试题三

【参考答案】

【问题1】

Apdex=(3000-1000/2)/(3000+1000+500)=0.56

0.56 <0.9，因此本系统未达到要求。

【问题2】

平台类型	浏览器类型					
	IE浏览器	火狐浏览器	QQ浏览器	360浏览器	谷歌浏览器	UC浏览器
安卓系统						
MOBILE Windows						
苹果IOS系统						
黑莓系统						

【问题3】

用例编号	用例说明
1	输入11位数字的手机号，得到4位数字的验证码
2	输入大于11位数字的手机号，无验证码
3	输入小于11位数字的手机号，无验证码
4	输入11位数字与非数字字符混合的手机号，无验证码

✎试题解析 本题考查软件可靠性管理的基础知识。软件可靠性管理在设计阶段进行可靠性设计，实施阶段进行可靠性评价。

(71) 参考答案：C

✎试题解析 题目想要表达的意思是"选择这种方法的现实理由就是因为很容易对一小步取得成功，而如果想要一步到位就难得多"。

(72) 参考答案：A

✎试题解析 题目想要表达的意思是"通常，很多研究组织都是从不同方向考虑的，这种思想的竞争的方式是科学进步的驱动力"。

(73) 参考答案：C

✎试题解析 题目想要表达的意思是"这样，即使再宏大的研究努力也会失败，可能会有局部的积极效果"。

(74) 参考答案：A

✎试题解析 题目想要表达的意思是"一个技术一旦被建立，许多组织和企业都会采纳，而不是等待并查看其他研究线是否会获得成果"。

(75) 参考答案：D

✎试题解析 题目想要表达的意思是"我们不会等着整个语义网络被物化——因为实现它的全部内容需要再过十年时间（当然是按照今天所设想）"。

📎**试题解析** 折半查找又称二分查找，优点是比较次数少，查找速度快，平均性能好，占用系统内存较少；其缺点是要求待查表为有序表，且插入删除困难。因此，折半查找方法适用于不经常变动而查找频繁的有序列表。

首先，假设表中元素是按升序排列，将表中间位置记录的关键字与查找关键字比较，如果两者相等，则查找成功；否则利用中间位置记录将表分成前、后两个子表，如果中间位置记录的关键字大于查找关键字，则进一步查找前一子表，否则进一步查找后一子表。重复以上过程，直到找到满足条件的记录，使查找成功，或直到子表不存在为止，此时查找不成功。

在这道题中，有序表一共由 12 个数字组成，首先使用 15 进行查找，第一次和 36 进行比较，因为 12/2=6，所以要和第 6 个数字进行比较，结果 15 比 36 小，那么接下来和前一个子表进行比较，第二次是和 18 进行比较，结果还是比 18 小，类似地，第三次和 7 进行比较，结果 15 比 7 大，最后和 15 比较一共查了 4 次。同样地，38 第一次和 36 比较，结果比 36 大，第二次和 51 比较，结果比 51 小，第三次和 42 比较，结果还是比 42 小，那么就没有更小的了，所以比较了 3 次，结果查无此元素。

（44）（45）（46）（47）**参考答案**：B B C D

📎**试题解析** 本题考查设计模式的基础知识。适配器模式将一个类的接口适配成用户所期待的。一个适配允许通常因为接口不兼容而不能在一起工作的类工作在一起，做法是将类自己的接口包裹在一个已存在的类中。

桥接模式将抽象部分与它的实现部分分离，使它们都可以独立地变化。

装饰模式指的是在不必改变原类文件和使用继承的情况下，动态地扩展一个对象的功能。它是通过创建一个包装对象，也就是装饰来包裹真实的对象。

代理模式为一个对象提供代理以控制该对象的访问。类之间的关系主要有以下几种：

1）继承关系：子类自动地具有其父类的全部属性与操作，也称为父类对子类的泛化。在 UML 建模语言中，采用空心三角形表示，从子类指向父类。

2）关联关系：两个或多个类之间的一种静态关系，表现为一个类是另一个类的成员变量。在 UML 类图中，用实线连接有关联的对象所对应的类。

3）聚合关系：是整体与部分之间的关系，是强的关联关系。在 UML 中，聚合关系用带空心菱形的实心线，菱形指向整体。

4）依赖关系：也是类之间的一种静态关系，表现为一个类是另外一个类的局部变量。在 UML 中，依赖关系用带箭头的虚线表示，由依赖的一方指向被依赖的一方。

（48）（49）**参考答案**：A C

📎**试题解析** 本题考查管道过滤器的基础知识。前一阶段处理的输出是后一阶段处理的输入，为管道过滤器的风格。

管道过滤器不支持批处理，并发操作。

（50）**参考答案**：A

📎**试题解析** 本题考查软件系统维护的基础知识。系统维护分为以下 4 个方面：

改正性维护：是指改正在系统开发阶段已发生而系统测试阶段尚未发现的错误。

适应性维护：是指使应用软件适应信息技术变化和管理需求变化而进行的修改。

完善性维护：是为了扩充功能和改善性能而进行的修改，主要是指对已有的软件系统增加一些在系统分析和设计阶段中没有规定的功能与性能特性。这些功能对完善系统功能是非常必要的。

预防性维护：为了改进应用软件的可靠性和可维护性，为了适应未来的软硬件环境的变化，应主动增加预防性的新的功能，以使应用系统适用各类变化而不被淘汰。

本题是改正软件原有错误，因此属于改正性维护，故正确答案为 A。

（51）**参考答案**：D

公共耦合：一组模块都访问同一个公共数据环境。

内容耦合：一个模块直接访问另一个模块的内部数据，或者通过非正常入口转入另一个模块内部，或者两个模块有一部分程序代码重叠，又或者一个模块有多种入口。

（39）参考答案：B

试题解析 本题考查模块内聚的基本知识。

模块内聚的分类（由弱到强）有：

1）偶然（巧合）内聚：模块完成的动作之间没有任何关系，或者仅仅是一种非常松散的关系。

2）逻辑内聚：模块内部的各个组成在逻辑上具有相似的处理动作，但功能用途上彼此无关。

3）瞬时（时间）内聚：模块内部的各个组成部分所包含的处理动作必须在同一时间间隔内执行，例如初始化模块。

4）过程内聚：模块内部各个组成部分所要完成的动作虽然没有关系，但必须按特定的次序执行。

5）通信（信息）内聚：模块的各个组成部分所完成的动作都使用了同一个公用数据或产生同一输出数据。

6）顺序内聚：模块内部的各个部分是相关的，前一部分处理动作的最后输出是后一部分处理动作的输入。

7）功能内聚：模块内部各个部分全部属于一个整体，并执行同一功能，且各部分对实现该功能都必不可少；要求功能是以特定的次序执行，所以是过程内聚。

（40）（41）参考答案：A C

试题解析 本题考查时间复杂度的基本知识。第（40）题有一层循环（while），遍历判断，所以时间复杂度为 n；第（41）题如下图所示，插入排序的时间复杂为 $O(n^2)$。

类别	排序方法	时间复杂度 平均情况	时间复杂度 最坏情况	空间复杂度 辅助存储	稳定性
插入排序	直接插入	$O(n^2)$	$O(n^2)$	$O(1)$	稳定
	Shell 排序	$O(n^{1.3})$	$O(n^2)$	$O(1)$	不稳定
选择排序	直接选择	$O(n^2)$	$O(n^2)$	$O(1)$	不稳定
	堆排序	$O(lgn)$	$O(lgn)$	$O(1)$	不稳定
交换排序	冒泡排序	$O(n^2)$	$O(n^2)$	$O(1)$	稳定
	快速排序	$O(lgn)$	$O(n^2)$	$O(log_2 n)$	不稳定
归并排序		$O(lgn)$	$O(lgn)$	$O(n)$	稳定
基数排序		$O(d(r+n))$	$O(d(r+n))$	$O(r+n)$	稳定

（42）参考答案：A

试题解析 本题考查完全二叉树的基本知识。完全二叉树是叶节点只能出现在最下层和次下层，并且最下面一层的节点都集中在该层最左边的若干位置的二叉树。如果一棵具有 k 个节点的深度为 n 的二叉树，它的每一个节点都与深度为 n 的满二叉树中编号为 1~k 的节点一一对应，这棵二叉树称为完全二叉树。

1 层节点个数为 1；

2 层节点个数为 2~3；

3 层节点个数为 4~7；

n 层节点个数为 2^{n-1}~2^n-1。

所以深度为 n 的完全二叉树最多有 2^n-1 个节点，最少有 2^{n-1}~2^n-1 个节点，故答案为 A 项。

（43）参考答案：D

意个 a 或 b 组成的字符串；a(a|b)*={a}{a,b}*表示 a 后面跟任意个 a 或 b 组成的字符串。

（18）**参考答案**：A

试题解析　本题考查程序语言循环结构的基本知识。do…while 为先执行后判断，执行次数和判断次数相等。如下图所示，故正确答案为 A。

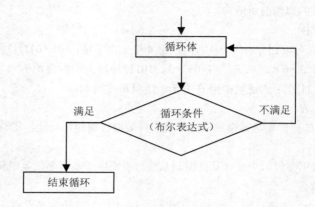

（19）**参考答案**：C

试题解析　本题考查程序设计语言中常量的基本知识。题干表明的意思是把同一常数用常量表示，方便其修改，提高可维护性。

（20）**参考答案**：D

试题解析　函数传值与传址。f(int x, int&a)函数中 x=2*2+1=5; a=5+3=8,且 a 是引用，对应 main() 函数中 x，所以 x 的值为 8。

（21）**参考答案**：A

试题解析　本题考查程序设计语言中出栈、入栈的基本知识。题干要求 d 第一个出栈，所以入栈的次序为 a、b、c、d，栈的特点是先进后出的，且每个元素进栈、出栈各 1 次，所以出栈序列为 d、c、b、a。

（22）（23）**参考答案**：D　C

试题解析　邻接矩阵是表示顶点之间相邻关系的矩阵。设 G=(V,E)是一个图，其中 V=(v1,v2,…,vn)。G 的邻接矩阵是一个具有下列性质的 n 阶方阵：

1) 对无向图而言，邻接矩阵一定是对称的，而且主对角线一定为 0（在此仅讨论无向简单图），副对角线不一定为 0，有向图则不一定如此。

2) 在无向图中，任一顶点 i 的度为第 i 列（或第 i 行）所有非 0 元素的个数，在有向图中顶点 i 的出度为第 i 行所有非 0 元素的个数，而入度为第 i 列所有非 0 元素的个数。

3) 用邻接矩阵法表示图共需要 n^2 个空间，由于无向图的邻接矩阵一定具有对称关系，所以扣除对角线为 0 外，仅需要存储上三角形或下三角形的数据即可，因此仅需要 n(n-1)/2 个空间。因此有向图有 7 个节点，则是一个 7×7 的矩阵。顶点 1 分别可以指向 2 和 5，所以表的节点个数为 2。

（24）**参考答案**：D

试题解析　设计模式是一套被反复使用、多数人知晓的、经过分类的、代码设计经验的总结。使用设计模式的目的是为了代码可重用性、让代码更容易被他人理解、保证代码可靠性。设计模式使代码编写真正工程化；设计模式是软件工程的基石脉络，如同大厦的结构一样。

设计模式分为 3 种类型，共 23 种。

1) 创建型模式：单例模式、抽象工厂模式、建造者（构建）模式、工厂模式、原型模式。

2) 结构型模式：适配器模式、桥接模式、装饰（器）模式、组合模式、外观模式、享元模式、代理模式。

序为同一作品。文档是指用来描述程序的内容、组成、设计、功能规格、开发情况、测试结果及使用方法的文字资料和图表等，如程序说明、流程图、用户手册等。

（10）**参考答案**：C

✏️**试题解析** 本题中的文档是在程序编写完成后按照公司规定撰写的文档，属于职务作品，所以软件文档的著作权应该归属为公司所有。

（11）**参考答案**：B

✏️**试题解析** 首先可以划分一下，从右向左每4个一个单位：101 1011。然后转换成十六进制。101转换为十六进制为 $1×2^2+0×2^1+1×2^0=4+0+1=5$，1011 转换为十六进制为 $1×2^3+0×2^2+1×2^1+1×2^0=8+0+2+1=11$。其中，11在十六进制中用B表示，所以最终为5B。

（12）**参考答案**：A

✏️**试题解析** CRC码即循环冗余校验码，是一种数据传输检错功能，借助于模2除法法则，其余数为校验字段。

ASCII码是基于拉丁字母的一套计算机编码系统，主要用于显示现代英语和其他西欧语言，是现今通用的单字节编码系统。

BCD码亦称二进码十进数，或二一十进制代码。用4位二进制数来表示1位十进制数，是一种二进制的数字编码形式。

海明码也叫作"汉明码"，是在电信领域的一种线性调试码，以发明者理查德·卫斯里·汉明的名字命名。

（13）**参考答案**：B

✏️**试题解析** 题目中明确指出是双处理器的计算机系统，同时存在3个并发进程，此时双处理器最多可以处理的进程数为2。

（14）**参考答案**：D

✏️**试题解析** PV操作与信号量的处理相关，P表示通过的意思，V表示释放的意思。一般来说，信号量S≥0时，S表示可用资源的数量。执行一次P操作意味着请求分配一个单位资源，因此S的值减1；当S<0时，表示已经没有可用的资源，请求者必须等待别的进程释放该类资源，它才能运行下去。而执行一个V操作意味着释放一个单位资源，因此S的值加1；若S<0，表示有某些进程正在等待该资源，因此要唤醒一个等待状态的进程，使之运行下去。初始值资源数为2，所以信号量S的最大值是2，n进程申请，则信号量S的最小值为2-n，也就是-(n-2)。

（15）**参考答案**：D

✏️**试题解析** 本题考查程序设计语言中编译和解释的基础知识。编译是将源程序翻译成可执行的目标代码，翻译与执行是分开的；而解释是对源程序的翻译与执行一次性完成，不生成可存储的目标代码。这只是表象，二者的最大区别是：对解释执行而言，程序运行时的控制权在解释器而不在用户程序；对编译执行而言，运行时的控制权在用户程序。所以编译和解释的区别在于是否生成目标程序文件。

（16）**参考答案**：B

✏️**试题解析** 对于S0来说，输入任意的a都可以，也可以输入任意的b，但必须有一个a才能到达状态S1，但是S1到S2，S2到S3必须是bb，所以选项为B。

（17）**参考答案**：C

✏️**试题解析** 本题考查程序设计语言中正规式的基本知识。运算符"|"""."""*"分别称为"或""连接"和"闭包"。在正规式的书写中，连接运算符"."可省略。运算符的优先级从高到低顺序排列为："*"".""|"。运算符"|"表示"或"并集。"*"表示*之前括号里的内容出现0次或多次。a*b*={a}{b}*表示由若干个a后跟若干个b所组成的任何长度的字符串；(a|b)*a=(a,b)*{a} 表示以a结尾，前面有任

问题 2		
问题 3		
评阅人	校阅人	小 计

试 题 四 解 答 栏	得 分
问题 1	
问题 2	
问题 3	

问题 3	
评阅人	校阅人	小 计

试 题 二 解 答 栏	得 分
问题 1	
问题 2	
问题 3	
评阅人	校阅人	小 计

试 题 三 解 答 栏	得 分
问题 1	

（6）当一个油箱和一个发动机同时故障时，则无故障的油箱为无故障发动机供油，并上报一级故障——故障油箱和发动机所处位置。

（7）当两个油箱或两个发动机同时故障或存在更多故障时，则应进行双发断油控制，并上报特级故障——两侧油箱或两侧发动机故障。

（8）故障级别从低级到高级依次为二级故障、一级故障和特级故障，如果低级故障和高级故障同时发生，则只上报最高级别故障。

【问题1】（6分）

覆盖率是度量测试完整性的一个手段，也是度量测试有效性的一个手段。在嵌入式软件白盒测试过程中，通常以语句覆盖率、条件覆盖率和 MC/DC 覆盖率作为度量指标。在实现第（6）条功能时，设计人员采用了下列算法：

if ((BL==故障)&& (EL==故障)){BR 供油 ER;BL 断油;EL 断油;}
if ((BL==故障)&& (ER==故障)){BR 供油 EL;BL 断油;ER 断油;}
if ((BR==故障)&& (EL==故障)){BL 供油 ER;BR 断油;EL 断油;}
if ((BR==故障)&& (ER==故障)){BL 供油 EL;BR 断油;ER 断油;}

请指出对上述算法达到 100%语句覆盖、100%条件覆盖和 100%MC/DC 覆盖所需的最少测试用例数目，填写表 5-1 中的空（1）～（3）。

表 5-1 覆盖率类型与测试用例数

覆盖率类型	所需的最少用例数
100%语句覆盖	（1）
100%条件覆盖	（2）
100%MC/DC	（3）

【问题2】（12分）

为了测试此软件功能，测试人员设计了表 5-2 所示的测试用例，请填写该表中的空（1）～（12）。

表 5-2 测试用例

序号	剩油量 BL	剩油量 BR	输入 BL	输入 BR	输入 EL	输入 ER	输出 EL	输出 ER	上报故障
1	200	200	无故障	无故障	无故障	无故障	BL	BR	无
2	200	200	故障	无故障	无故障	无故障	（1）	BR	二级故障
3	200	200	无故障	故障	无故障	无故障	BL	（2）	二级故障
4	130	120	无故障	无故障	无故障	无故障	断油	（3）	一级故障
5	150	90	无故障	无故障	无故障	无故障	断油	（4）	一级故障
6	（5）	180	无故障	无故障	无故障	故障	BR	断油	一级故障
7	90	（6）	无故障	无故障	无故障	无故障	BL	断油	一级故障
8	200	200	故障	无故障	故障	无故障	（7）	BR	一级故障
9	200	200	无故障	故障	无故障	无故障	（8）	断油	一级故障
10	200	200	无故障	故障	无故障	无故障	断油	（9）	一级故障
11	200	200	故障	无故障	故障	无故障	（10）	断油	一级故障
12	200	200	故障	故障	无故障	无故障	断油	断油	一级故障
13	200	200	无故障	无故障	故障	（11）	断油	断油	特级故障
14	200	200	故障	无故障	故障	故障	断油	断油	（12）

【问题3】（2分）

常见的黑盒测试的测试用例设计方法包括等价类划分、决策表、因果图、边界值分析等。测试人员在针对本题设计测试时，使用哪种测试用例设计方法最恰当？

表2-3 等价类表

输入条件	有效等价类	编号	无效等价类	编号
会员等级 L	M	1	非字母	9
	S	2	非单个字母	10
	（1）	3	（4）	11
刷卡日期 D	每月9日、19日	4		
	11月11日	5		
	（2）	6		
	其他日期	7		
刷卡金额 A	（3）	8	非浮点数	12
			（5）	13
			多于两位小数的正浮点数	14

【问题2】（9分）

根据以上等价类表设计的测试用例见表2-4，请补充表2-4中的空（1）～（9）。

表2-4 测试用例

编号	输入			覆盖等价类（编号）	预期输出 S
	L	D	A		
1	M	1月9日	500.25	1，4，8	（1）
2	S	11月11日	（2）	2，5，8	6000
3	P	12月12日	500	（3）	6000
4	P	（4）	500	3，7，8	1500
5	（5）	其他日期	500	9，7，8	N/A
6	非单个字母	其他日期	500	10，7，8	（6）
7	（7）	其他日期	500	11，7，8	N/A
8	M	其他日期	非浮点数	（8）	N/A
9	M	其他日期	非正浮点数	1，7，13	N/A
10	M	其他日期	（9）	1，7，14	N/A

【问题3】（6分）

如果规定了单次刷卡的积分上限为 20000（即 0≤S≤20000），则还需要针对 S 的取值补充一些测试用例。假设采用等价类划分法和边界值分析法来补充用例，请补充表 2-5、表 2-6 中的空（1）～（6）。

表2-5 补充等价类

编号	等价类
1	0≤S≤20000
2	（1）
3	（2）

表2-6 边界值

编号	边界值
1	S=20000
2	（3）
3	（4）
4	S=0
5	（5）
6	（6）

试题一（15分）

阅读下列C程序，回答问题1至问题3，将解答填入答题纸的对应栏内。

【C程序】
```
Int DoString(char*string){
    char *argv[100];
    int argc=1;
    while(1){ //1
        while(*string&& *string!='-'）//2,3
        String++; //4
        if(!*string) //5
        break; //6
        argv[argc]=string;
        while(*string && *string!=" && *string!='\n'&& *string!= '\t'）//7,8,9,10
        string++; //11
        argc++; //12
    }
    return 0; //13
}
```

【问题1】（3分）
请针对上述C程序给出满足100%DC（判定覆盖）所需的逻辑条件。

【问题2】（8分）
请画出上述程序的控制流图，并计算其控制流图的环路复杂度V(G)。

【问题3】（4分）
请给出[问题2]中控制流图的线性无关路径。

试题二（20分）

阅读下列说明，回答问题1至问题3，将解答填入答题纸的对应栏内。

【说明】某银行B和某公司C发行联名信用卡，用户使用联名信用卡刷卡可累计积分，积分累计规则与刷卡金额和刷卡日期有关，具体积分规则见表2-1。此外，公司C的会员分为普通会员、超级会员和PASS会员3个级别，超级会员和PASS会员在刷卡时有额外积分奖励，奖励规则见表2-2。

表2-1 积分规则

刷卡日期	积分
每月9日、19日	刷卡金额小数部分四舍五入后的2倍
11月11日	刷卡金额小数部分四舍五入后的6倍
12月12日	刷卡金额小数部分四舍五入后的4倍
其他日期	刷卡金额小数部分四舍五入

表2-2 额外积分奖励规则

会员级别	普通会员	超级会员	PASS会员
级别代码	M	S	P
额外积分奖励	0%	100%	200%

银行B开发了一个程序来计算用户每次刷卡所累积的积分，程序的输入包括会员级别L、刷卡日期D和刷卡金额A，程序的输出为本次积分S。其中，L为单个字母且大小写不敏感，D由程序直接获取系统日期，A为正浮点数最多保留两位小数，S为整数。

【问题1】（5分）
采用等价类划分法对该程序进行测试，等价类表见表2-3，请补充表2-3中的空（1）～（5）。

- 对于逻辑表达式(((a>0)&&(b>0))||c<5)，需要__(62)__个测试用例才能完成条件组合覆盖。
  (62) A. 2　　　　　　　　B. 4　　　　　　　　C. 8　　　　　　　　D. 16
- 以下关于黑盒测试的测试方法选择策略的叙述中，不正确的是__(63)__。
  (63) A. 首先进行等价类划分，因为这是提高测试效率最有效的方法
       B. 任何情况下都必须使用边界值分析，因为这种方法发现错误能力最强
       C. 如果程序功能说明含有输入条件组合，则一开始就需要错误推测法
       D. 如果没有达到要求的覆盖准则，则应该补充一些测试用例
- 以下关于负载压力测试的叙述中，不正确的是__(64)__。
  (64) A. 在模拟环境下检测系统性能　　　　B. 预见系统负载压力承受力
       C. 分析系统瓶颈　　　　　　　　　　D. 在应用实际部署前评估系统性能
- 以下不属于负载压力测试的测试指标是__(65)__。
  (65) A. 并发用户数　　B. 查询结果正确性　　C. 平均事务响应时间　D. 吞吐量
- 以下关于测试方法的叙述中，不正确的是__(66)__。
  (66) A. 根据是否需要执行被测试代码可分为静态测试和动态测试
       B. 黑盒测试也叫作结构测试，针对代码本身进行测试
       C. 动态测试主要是对软件的逻辑、功能等方面进行评估
       D. 白盒测试把被测试代码当成透明的盒子，完全可见
- 以下关于Web测试的叙述中，不正确的是__(67)__。
  (67) A. Web软件的测试贯穿整个软件生命周期
       B. 按系统架构划分，Web测试分为客户端测试、服务端测试和网络测试
       C. Web系统测试与其他系统测试测试内容基本不同但测试重点相同
       D. Web性能测试可以采用工具辅助
- 以下不属于安全防护策略的是__(68)__。
  (68) A. 入侵检测　　B. 隔离防护　　C. 安全测试　　D. 漏洞扫描
- 标准符合性测试中的标准分类包括__(69)__。
  ①数据内容类标准　②通信协议类标准　③开发接口类标准　④信息编码类标准
  (69) A. ③④　　　　B. ②④　　　　C. ②③④　　　D. ①②③④
- 以下关于软件可靠性管理的叙述中，不正确的是__(70)__。
  (70) A. 在需求分析阶段确定软件的可靠性目标
       B. 在设计阶段进行可靠性评价
       C. 在测试阶段进行可靠性测试
       D. 在实施阶段收集可靠性数据
- The development of the Semantic Web proceeds in steps, each step building a layer on top of another. The pragmatic justification for this approach is that it is easier to achieve __(71)__ on small steps, whereas it is much harder to get everyone on board if too much is attempted. Usually there are several research groups moving in different directions; this __(72)__ of ideas is a major driving force for scientific progress. However, from an engineering perspective there is a need to standardize. So, if most researchers agree on certain sues and disagree on others, it makes sense to fix the points of agreement. This way, even if the more ambitious research efforts should fail, there will be at least __(73)__ positive outcomes.

  Once a __(74)__ has been established, many more groups and companies will adopt it, instead of waiting to see which of the alternative research lines will be successful in the end. The nature of the semantic web is such that companies and single users must build tools, add content, and use that content. We cannot wait until the full semantic web vision materializes-it may take another ten years for it to be realized to its full __(75)__ (as envisioned today, of course).

  (71) A. conflicts　　　B. consensus　　　C. success　　　D. disagreement

(49) A. 软件构件具有良好的高内聚、低耦合的特点　　　B. 支持重用
　　　C. 支持并行执行　　　　　　　　　　　　　　　　D. 提高性能

系统交付后，修改原来打印时总是遗漏最后一行记录的问题，该行为属于__(50)__维护。
(50) A. 改正性　　　B. 适应性　　　C. 完善性　　　D. 预防性

软件测试的对象不包括__(51)__。
(51) A. 程序　　　　　　　　　　　　B. 需求规格说明书
　　　C. 数据库中的数据　　　　　　　D. 质量改进措施

以下不属于单元测试测试内容的是__(52)__。
(52) A. 模块接口测试　　　　　　　　B. 局部数据测试
　　　C. 边界条件测试　　　　　　　　D. 系统性能测试

以下不属于文档测试测试范围的是__(53)__。
(53) A. 软件开发计划　　　　　　　　B. 数据库脚本
　　　C. 测试分析报告　　　　　　　　D. 用户手册

以下关于软件测试和软件质量保证的叙述中，不正确的是__(54)__。
(54) A. 软件测试是软件质量保证的一个环节
　　　B. 质量保证通过预防、检查与改进来保证软件质量
　　　C. 质量保证关心的是开发过程的产物而不是活动本身
　　　D. 测试中所做的操作是为了找出更多问题

以下关于软件测试原则的叙述中，正确的是__(55)__。
①所有软件测试都应追溯到用户需求　　②尽早地和不断地进行软件测试
③完全测试是不可能的　　　　　　　　④测试无法发现软件潜在的缺陷
⑤需要充分注意测试中的群集现象
(55) A. ①②③④⑤　　B. ②③④⑤　　C. ①②③⑤　　D. ①②④⑤

按照开发阶段划分，软件测试可以分为__(56)__。
①单元测试　②集成测试　③系统测试　④确认测试
⑤用户测试　⑥验收测试　⑦第三方测试
(56) A. ①②③④⑤　　B. ①②③④⑥　　C. ①②③④⑤⑦　　D. ①②③④⑥⑦

以下不属于软件编码规范评测内容的是__(57)__。
(57) A. 源程序文档化　B. 数据说明方法　C. 语句结构　D. 算法逻辑

以下关于确认测试的叙述中，不正确的是__(58)__。
(58) A. 确认测试的任务是验证软件的功能和性能是否与用户要求一致
　　　B. 确认测试一般由开发方进行
　　　C. 确认测试需要进行有效性测试
　　　D. 确认测试需要进行软件配置复查

根据输入输出等价类边界上的取值来设计用例的黑盒测试方法是__(59)__。
(59) A. 等价类划分法　　　　　　　　B. 因果图法
　　　C. 边界值分析法　　　　　　　　D. 场景法

以下关于判定表测试法的叙述中，不正确的是__(60)__。
(60) A. 判定表由条件桩、动作桩、条件项和动作项组成
　　　B. 判定表依据软件规格说明建立
　　　C. 判定表需要合并相似规则
　　　D. n个条件可以得到最多 n^2 个规则的判定表

一个程序的控制流图中有 5 个节点、9 条边，在测试用例数最少的情况下，确保程序中每个可执行语句至少执行一次所需测试用例数的上限是__(61)__。
(61) A. 2　　　B. 4　　　C. 6　　　D. 8

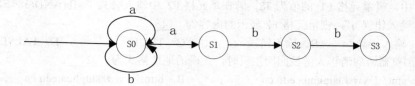

(16) A. bbaa　　　　B. aabb　　　　C. abab　　　　D. baba

● 表示"以字符 a 开头且仅由字符 a、b 构成的所有字符串"的正规式为 (17) 。

(17) A. a*b*　　　B. (a|b)*a　　　C. a(a|b)*　　　D. (ab)*

● 在单入口单出口的 do…while 循环结构中，(18) 。

(18) A. 循环体的执行次数等于循环条件的判断次数
　　　B. 循环体的执行次数多于循环条件的判断次数
　　　C. 循环体的执行次数少于循环条件的判断次数
　　　D. 循环体的执行次数与循环条件的判断次数无关

● 将源程序中多处使用的同一个常数定义为常量并命名，(19) 。

(19) A. 提高了编译效率　　　　　　　B. 缩短了源程序代码长度
　　　C. 提高了源程序的可维护性　　　D. 提高了程序的运行效率

● 函数 main()、f()的定义如下所示。调用函数 f()时，第一个参数采用传值（call by value）方式，二个参数采用传引用（call by reference）方式，main()执行后输出的值为 (20) 。

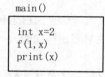

```
main()
int x=2
f(1,x)
print(x)
```

```
f(int x, int &a)
x=2*a+1;
a=x+3
return
```

(20) A. 2　　　　　B. 4　　　　　C. 5　　　　　D. 8

● 对于初始为空的栈 S，入栈序列为 a、b、c、d，且每个元素进栈、出栈各 1 次。若出栈序列的第一个元素为 d，则合法的出栈序列为 (21) 。

(21) A. dcba　　　B. dabc　　　C. dcab　　　D. dbca

● 对于下面的有向图，其邻接矩阵是一个 (22) 的矩阵。采用邻接链表存储时，顶点 0 的表节点个数为 2，顶点 3 的表节点个数为 0，顶点 1 的表节点个数为 (23) 。

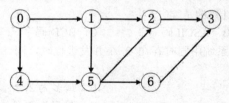

(22) A. 3×4　　　B. 4×3　　　C. 6×6　　　D. 7×7
(23) A. 0　　　　B. 1　　　　C. 2　　　　D. 3

● 行为型设计模式描述类或对象如何交互和如何分配职责。(24) 模式是行为型设计模式。

(24) A. 装饰器（Decorator）　　　B. 构建器（Builder）
　　　C. 组合（Composite）　　　　D. 解释器（Interpreter）

● 在结构化分析方法中，用于行为建模的模型是 (25) ，其要素包括 (26) 。

(25) A. 数据流图　B. 实体联系图　C. 状态－迁移图　D. 用例图
(26) A. 加工　　　B. 实体　　　　C. 状态　　　　　D. 用例

● 有两个 N*N 的矩阵 A 和 B，想要在微机（PC 机）上按矩阵乘法基本算法编程实现计算 A*B。

在Excel中，设单元格F1的值为38，若在单元格F2中输入公式"=IF(AND(38<F1,F1<100)"输入正确","输入错误")"，则单元格F2显示的内容为__(1)__。
（1）A．输入正确　　　　B．输入错误　　　　C．TRUE　　　　D．FALSE

采用IE浏览器访问清华大学校园网主页时，正确的地址格式为__(2)__。
（2）A．smtp://www.tsinghua.edu.cn　　　　B．http://www.tsinghua.edu.cn
　　　C．smtp:\\www.tsinghua.edu.cn　　　　D．http:\\www.tsinghua.edu.cn

CPU中设置了多个寄存器，其中，__(3)__用于保存待执行指令的地址。
（3）A．通用寄存器　　B．程序计数器　　C．指令寄存器　　D．地址寄存器

在计算机系统中常用的输入/输出控制方式有无条件传送、中断、程序查询和DMA等。其中，采用__(4)__方式时，不需要CPU控制数据的传输过程。
（4）A．中断　　　　B．程序查询　　　　C．DMA　　　　D．无条件传送

CPU是一块超大规模的集成电路，其中主要部件有__(5)__。
（5）A．运算器、控制器和系统总线　　　　B．运算器、寄存器组和内存储器
　　　C．控制器、存储器和寄存器组　　　　D．运算器、寄存器和寄存器组

对计算机评价的主要性能指标有时钟频率、__(6)__、运算精度、内存容量等。
（6）A．丢包率　　　　B．端口吞吐量　　　　C．可移植性　　　　D．数据处理速率

在字长为16位、32位、64位或128位的计算机中，字长为__(7)__位的计算机数据运算精度最高。
（7）A．16　　　　B．32　　　　C．64　　　　D．128

以下关于防火墙功能特性的说法中，错误的是__(8)__。
（8）A．控制进出网络的数据包和数据流向　　B．提供流量信息的日志和审计
　　　C．隐藏内部IP以及网络结构细节　　　　D．提供漏洞扫描功能

计算机软件著作权的保护对象是指__(9)__。
（9）A．软件开发思想与设计方案　　　　B．计算机程序及其文档
　　　C．计算机程序及算法　　　　　　　D．软件著作权权利人

某软件公司项目组的程序员在程序编写完成后均按公司规定撰写文档，并上交公司存档。此情形下，该软件文档著作权应由__(10)__享有。
（10）A．程序员　　B．公司与项目组共同　　C．公司　　D．项目组全体人员

将二进制序列1011011表示为十六进制，为__(11)__。
（11）A．B3　　　　B．5B　　　　C．BB　　　　D．3B

采用模2除法进行校验码计算的是__(12)__。
（12）A．CRC码　　　　B．ASCII码　　　　C．BCD码　　　　D．海明码

当一个双处理器的计算机系统中同时存在3个并发进程时，同一时刻允许占用处理器的进程数__(13)__。
（13）A．至少为2个　　　　　　　　B．最多为2个
　　　C．至少为3个　　　　　　　　D．最多为3个

假设系统有n（n≥5）个并发进程共享资源R，且资源R的可用数为2。若采用PV操作，则相应的信号量S的取值范围应为__(14)__。
（14）A．-1~n-1　　B．-5~2　　C．-(n-1)~1　　D．-(n-2)~2

编译和解释是实现高级程序设计语言的两种方式，其区别主要在于__(15)__。
（15）A．是否进行语法分析　　　　B．是否生成中间代码文件
　　　C．是否进行语义分析　　　　D．是否生成目标程序文件

下图所示的非确定有限自动机（S0为初态，S3为终态）可识别字符串__(16)__。

2016 年下半年

全国计算机技术与软件专业技术资格考试
2016 年下半年 软件评测师 上午试卷

（考试时间 9:00～11:30 共 150 分钟）

请按下述要求正确填写答题卡

1. 在答题卡的指定位置上正确写入你的姓名和准考证号,并用正规 2B 铅笔在你写入的准考证号下填涂准考证号。
2. 本试卷的试题中共有 75 个空格,需要全部解答,每个空格 1 分,满分 75 分。
3. 每个空格对应一个序号,有 A、B、C、D 四个选项,请选择一个最恰当的选项作为解答,在答题卡相应序号下填涂该选项。
4. 解答前务必阅读例题和答题卡上的例题填涂样式及填涂注意事项。解答时用正规 2B 铅笔正确填涂选项,如需修改,请用橡皮擦干净,否则会导致不能正确评分。

例题

● 2016 年下半年全国计算机技术与软件专业技术资格考试日期是 （88） 月 （89） 日。

（88）A. 9　　　　B. 10　　　　C. 11　　　　D. 12
（89）A. 4　　　　B. 5　　　　C. 6　　　　D. 7

因为考试日期是"11 月 4 日",故（88）选 C,（89）选 A,应在答题卡序号 88 下对 C 填涂,在序号 89 下对 A 填涂（参看答题卡）。

D．需要构建一个独立的关系模式，且关系模式为：SC（学生号，课程号，成绩）
● 查询"软件工程"课程的平均成绩、最高成绩与最低成绩之间差值的 SQL 语句如下：
　SELECT AVG(成绩)AS 平均成绩 (24)　,
　FROM C, SC
　WHERE C.课程名='软件工程' AND C.课程号=SC.课程号；
　（24）A．差值 AS MAX(成绩)-MIN(成绩)
　　　　B．MAX(成绩)-MIN(成绩)AS 差值
　　　　C．差值 IN MAX(成绩)-MIN(成绩)
　　　　D．MAX(成绩)-MIN(成绩)IN 差值
● 能隔离局域网中广播风暴、提高带宽利用率的设备是　(25)　。
　（25）A．网桥　　　　　B．集线器　　　　　C．路由器　　　　　D．交换机
● 下面的协议中属于应用层协议的是　(26)　，该协议的报文封装在　(27)　中传送。
　（26）A．SNMP　　　　B．ARP　　　　　　C．ICMP　　　　　　D．X.25
　（27）A．TCP　　　　　B．IP　　　　　　　C．UDP　　　　　　D．ICMP
● 某公司内部使用 wb.xyz.com.cn 作为访问某服务器的地址，其中 wb 是　(28)　。
　（28）A．主机名　　　　B．协议名　　　　　C．目录名　　　　　D．文件名
● 如果路由器收到了多个路由协议转发的关于某个目标的多条路由，那么决定采用哪条路由的策略是　(29)　。
　（29）A．选择与自己路由协议相同的　　　　B．选择路由费用最小的
　　　　C．比较各个路由的管理距离　　　　　D．比较各个路由协议的版本
● 下面是路由表的 4 个表项，与地址 220.112.179.92 匹配的表项是　(30)　。
　（30）A．220.112.145.32/22　　　　　　　　B．220.112.145.64/22
　　　　C．220.112.147.64/22　　　　　　　　D．220.112.177.64/22
● 某开发小组欲开发一个软件系统，实现城市中不同图书馆的资源共享，包括实体资源和电子资源，共享规则可能在开发过程中有变化。客户希望开发小组能尽快提交可运行的软件，且可以接受多次交付。这种情况下最适宜采用　(31)　开发过程模型。主要是因为这种模型　(32)　。
　（31）A．瀑布　　　　　B．原型　　　　　　C．增量　　　　　　D．螺旋
　（32）A．可以快速提交阶段性的软件产品　　B．需求变化对开发没有影响
　　　　C．减少用户适应和习惯系统的时间和精力　D．能够很好地解决风险问题
● 某软件项目的活动图如下图所示，其中顶点表示项目里程碑，连接顶点的边表示包含的活动，边上的数字表示活动的持续时间（天），则完成该项目的最少时间为　(33)　天。活动 BC 和 BF 分别最多可以晚开始　(34)　天而不会影响整个项目的进度。

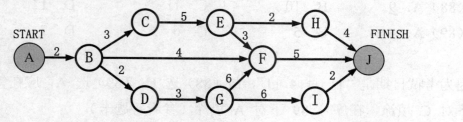

　（33）A．11　　　　　B．15　　　　　　　C．16　　　　　　　D．18
　（34）A．0 和 7　　　　B．0 和 11　　　　　C．2 和 7　　　　　D．2 和 11
● 结构化开发方法中，　(35)　主要包含对数据结构和算法的设计。对算法设计时，其主要依据来自　(36)　描述算法时，　(37)　不是理想的表达方式。
　（35）A．体系结构设计　B．数据设计　　　　C．接口设计　　　　D．过程设计
　（36）A．数据流图　　　B．E-R 图　　　　　C．状态─迁移图　　D．加工规格说明

(37) A. 流程图　　　　　B. 决策图　　　　　C. 程序设计语言代码　D. 伪代码

● 模块 A 的功能为从数据库中读出产品信息，修改后存回数据库，然后将修改记录写到维护文件中。该模块内聚类型为__(38)__内聚。以下关于该类内聚的叙述中，正确的是__(39)__。

(38) A. 逻辑　　　　　B. 时间　　　　　C. 过程　　　　　D. 功能

(39) A. 是最低的内聚类型　　　　　　　　B. 是最高的内聚类型
　　　C. 不利于模块的重用　　　　　　　　D. 模块独立性好

● 某个应用中，需要对输入数据进行排序，输入数据序列基本有序（如输入为1，2，5，3，4，6，8，7）。在这种情况下，采用__(40)__排序算法最好，时间复杂度为__(41)__。

(40) A. 插入　　　　　B. 归并　　　　　C. 堆　　　　　D. 快速

(41) A. O(n)　　　　　B. O(nlgn)　　　　C. O(n^2)　　　　D. O(n^{2}lgn)

● 在结构化分析中，用数据流图描述__(42)__。当采用数据流图对银行客户关系管理进行分析时，__(43)__是一个加工。

(42) A. 数据对象之间的关系，用于对数据建模
　　　B. 数据在系统中如何被传送或变换，以及如何对数据流进行变换
　　　C. 系统对外部事件如何响应，如何动作，用于对行为建模
　　　D. 系统中的数据对象和控制信息的特性

(43) A. 工作人员　　　B. 账户　　　　　C. 余额　　　　　D. 存款

● 以下关于用例图的叙述中，不正确的是__(44)__。图书馆管理系统需求中包含"还书"用例和"到书通知"用例，对于"还书"用例，应先查询该书是否有人预定，若有则执行"到书通知"。"还书"用例和"到书通知"用例是__(45)__关系，以下用例图中，__(46)__是正确的。管理员处理"还书"用例时，需要先执行"验证身份"用例，那么"还书"用例和"验证身份"用例之间是__(47)__关系。

(44) A. 系统用例图反映了整个系统提供的外部可见服务
　　　B. 系统用例图对系统的协作建模
　　　C. 用例图主要包含用例、参与者及其之间关系 3 个要素
　　　D. 系统用例图对系统的需求建模

(45) A. 关联　　　　　B. 扩展　　　　　C. 包含　　　　　D. 泛化

(46) A. 还书 —<<extend>>→ 到书通知
　　　B. 还书 ←<<extend>>— 到书通知
　　　C. 还书 —<<include>>→ 到书通知
　　　D. 还书 ←<<include>>— 到书通知

(47) A. 关联　　　　　B. 扩展　　　　　C. 包含　　　　　D. 泛化

● 用面向对象方法设计了一个父类 File 和两个子类 DiskFile 和 TapeFile，这两个子类继承了其父类的 open 方法，并给出不同的实现。不同的子类执行 open 方法时，有不同的行为，这种机制称为__(48)__。

(48) A. 继承　　　　　B. 多态　　　　　C. 消息传递　　　D. 关联

● 在计算机系统中，系统的__(49)__可以用 MTTF/(1+MTTF) 来度量，其中 MTTF 为平均无故障时间。

(49) A. 可靠性　　　　B. 可用性　　　　C. 可维护性　　　D. 健壮性

● 修改现有软件系统的设计文档和代码以增强可读性，这种行为属于__(50)__维护。

(50) A. 改正性　　　　B. 适应性　　　　C. 完善性　　　　D. 预防性

● 以下不属于系统测试范畴的是__(51)__。

(51) A. 单元测试　　　B. 安全测试　　　C. 强度测试　　　D. 性能测试

linearly.

The complexity of software is a(an) (74) property, not an accidental one. Hence descriptions of a software entity that abstract away its complexity often abstract away its essence. Mathematics and the physical sciences made great strides for three centuries by constructing simplified models of complex phenomena, deriving, properties from the models, and verifying those properties experimentally. This worked because the complexities (75) in the models were not the essential properties of the phenomena. It does not work when the complexities are the essence.

Many of the classical problems of developing software products derive from this essential complexity and its nonlinear increases with size. Not only technical problems but management problems as well come from the complexity.

(71) A. task   B. job   C. subroutine   D. program
(72) A. states   B. parts   C. conditions   D. expressions
(73) A. linear   B. nonlinear C. parallel   D. additive
(74) A. surface   B. outside   C. exterior   D. essential
(75) A. fixed   B. included   C. ignored   D. tabilized

全国计算机技术与软件专业技术资格考试
2016年下半年 软件评测师 下午试卷

（考试时间 14:00～16:30 共150分钟）

请按下述要求正确填写答题纸

1. 在答题纸的指定位置填写你所在的省、自治区、直辖市、计划单列市的名称。
2. 在答题纸的指定位置填写准考证号、出生年月日和姓名。
3. 答题纸上除填写上述内容外只能写解答。
4. 本试卷共5道题，试题一至试题二是必答题，试题三至试题五选答2道，满分75分。
5. 解答时字迹务必清楚，字迹不清时，将不评分。
6. 仿照下面例题，将解答写在答题纸的对应栏内。

例题

  2016年下半年全国计算机技术与软件专业技术资格考试日期是__(1)__月__(2)__日。

  因为正确的解答是"11月4日"，故在答题纸的对应栏内写上"11"和"4"（参看下表）。

例题	解答栏
（1）	11
（2）	4

（2）页面中采用表单实现客户信息、交易信息等的提交与交互，系统前端采用 HTML5 实现。

【问题1】（4分）

在对此平台进行非功能测试时，需要测试哪些方面？

【问题2】（5分）

在满足系统要支持的（1）时，计算系统的通信吞吐量。

【问题3】（3分）

表单输入测试需要测试哪几个方面？

【问题4】（8分）

（1）针对股票代码：111111、数量：10万、当前价格：6.00，设计 4 个股票交易的测试输入。

（2）设计 2 个客户开户的测试输入，以测试是否存在 XSS、SQL 注入。

试题四（20分）

阅读下列说明，回答问题 1 至问题 5，将解答填入答题纸的对应栏内。

【说明】图 4-1 是银行卡应用的部分类图，图中属性和操作前的"+"和"-"分别表示公有成员和私有成员。银行卡 Account 有两种类型，借记卡 SavingAccount 和信用卡 CreditAccount。

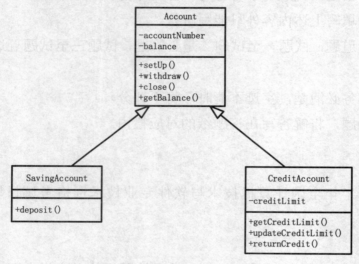

图 4-1

（1）借记卡和信用卡都有卡号 accountNumber 和余额 balance 两个属性。借记卡的余额是正常余额，信用卡的余额是目前未还的金额，如果没有未还的金额，则为 0；有开户 setUp、取款 withdraw、查询余额 getBalance 和销户 close 四个方法。借记卡取钱时，要求取钱金额不能超过余额；而信用卡取钱金额不能超过信用额度，因此需要在子类中实现该方法。

（2）借记卡可以存钱 deposit。

（3）信用卡有信用额度 creditLimit 属性，可以查询信用额度 getCreditLimit、修改信用额度 updateCreditLimit 和还款 returnCredit。

现拟采用面向对象的方法进行测试。

【问题1】（3分）

面向对象单元测试的主要对象是什么？

【问题2】（4分）

在继承关系上，若某方法在测试父类时已经测试过，那么什么情况下在子类中也需要测试？

【问题3】（4分）

要测试方法 deposit()时，还需要调用什么方法？给出测试序列。

【问题 4】（6 分）

方法 withdraw 在基类 Account 中定义，但在两个子类中有不同的实现。这是面向对象的什么机制？这种情况在测试时如何进行？

【问题 5】（3 分）

给出类 SavingAccount 的最小测试序列。

试题五（20 分）

阅读下列说明，回答问题 1 至问题 3，将解答填入答题纸的对应栏内。

【说明】某嵌入式控制软件通过采集传感器数值来计算输出控制率，为了提高数据采集的可靠性，使用三余度采集方法进行 3 个通道的数据采集。

（1）三余度通道数据采集及处理要求：

1）三通道采集值 In_U[0]、In_U[1]、In_U[2] 的正常范围为[-3.0,3.0]V，且任意两通道间差值不大于 0.5V。

2）如果某通道采集值超过正常范围或者因为通道采集值造成与其他通道差值大于 0.5V，则该通道数据不满足要求。

3）如果三通道值均满足要求，则取三通道中差值较小的两通道数据的平均值。

4）如果仅有一个通道数据不满足采集要求，取满足要求的两个通道数据的平均值。

5）如果多于一个通道数据不满足采集要求，取安全值 0V。

（2）对采集数值计算控制率的具体处理算法如下：

1）如果依据采集数据计算的控制率 C1 与目前实际控制率 C0 差值不大于 0.01 则使用本周期计算控制率 C1 进行输出控制，否则使用目前实际控制率 C0 输出控制，不上报传感器故障。

2）如果连续 3 个周期计算的控制率 C1 与目前实际控制率 C0 差值大于 0.01，则上报传感器三级故障，连续超差计数清零，使用目前实际控制率 C0 输出控制；如果已经连续 3 个周期控制率超差，并上报三级故障，但第 4 个周期计算的控制率 C1 与目前实际控制率 C0 差值不大于 0.01，则清除三级故障上报。

3）如果累计大于等于 10 个周期计算的控制率 C1 与目前实际控制率 C0 差值大于 0.01，则上报传感器二级故障，使用目前实际控制率输出控制。

4）如果累计大于等于 100 个周期计算的控制率 C1 与目前实际控制率 C0 差值大于 0.01，则上报传感器一级故障，并清除二级故障，并切断输出控制（输出安全值 0）。

5）如果低级故障和高级故障同时发生，则按高级故障处理。

【问题 1】（9 分）

为了测试采集算法，在不考虑测量误差的情况下，设计了表 5-1 所示的测试用例，请填写该表中的空（1）～（6）。

表 5-1

序号	输入			输出 Out-A1
	In_U(0)	In_U(1)	In_U(2)	预期输出（保留两位小数）
1	0.0V	0.0V	0.0V	0.00V
2	2.0V	2.3V	1.8V	（1）
3	1.5V	1.6V	1.3V	（2）
4	2.8V	2.6V	2.0V	（3）
5	-3.0V	-3.1V	-2.8V	（4）
6	2.0V	1.4V	2.6V	（5）
7	3.1V	2.8V	3.2V	（6）

【问题 2】（9 分）

为了测试控制率计算算法，在不考虑测量误差的情况下，设计了表 5-2 所示的用例，请完善其中的

全国计算机技术与软件专业技术资格考试
2016 年下半年 软件评测师 下午试卷答题纸

(考试时间 14:00～16:30 共 150 分钟)

试题号	一	二	三	四	五	总分
得 分						
评阅人						加分人
校阅人						

试 题 一 解 答 栏	得 分
问题 1	
问题 2	

问题4	
问题5	

评阅人		校阅人		小 计	

试 题 五 解 答 栏	得 分

问题1	
问题2	
问题3	

评阅人		校阅人		小 计	

全国计算机技术与软件专业技术资格考试
2016年下半年 软件评测师 上午试卷解析

(1) 参考答案：C

试题解析 立即寻址：一种特殊的寻址方式，指令中在操作码字段后面的部分不是通常意义上的操作数地址，而是操作数本身，也就是说数据就包含在指令中，只要取出指令，也就取出了可以立即使用的操作数。

直接寻址：在直接寻址中，指令中地址码字段给出的地址A就是操作数的有效地址，即形式地址等于有效地址。

间接寻址：间接寻址意味着指令中给出的地址A不是操作数的地址，而是存放操作数地址的主存单元的地址，简称操作数地址的地址。

寄存器寻址：寄存器寻址指令的地址码部分给出了某一个通用寄存器的编号Ri，这个指定的寄存器中存放着操作数。

寄存器间接寻址：在寄存器间接寻址方式中，寄存器内存放的是操作数的地址，而不是操作数本身，即操作数是通过寄存器间接得到的。

变址寻址：变址寻址就是把变址寄存器Rx的内容与指令中给出的形式地址A相加，形成操作数有效地址，即EA=(Rx)+A。

基址寻址：基址寻址是将基址寄存器Rb的内容与指令中给出的位移量D相加，形成操作数有效地址，即EA=(Rb)+D。

相对寻址：相对寻址是基址寻址的一种变通，由程序计数器提供基准地址，指令中的地址码字段作为位移量D，两者相加后得到操作数的有效地址，即EA=(PC)+D。

(2) 参考答案：A

试题解析 虚拟存储器是一种具有部分装入对换功能，能从逻辑上对内存容量进行大幅度扩充，使用方便的存储器系统。虚拟存储器的容量与主存大小无关。虚拟存储器的基本思路是：作业提交时，先全部进入辅助存储器，作业投入运行时，不把作业的全部信息同时装入主存储器，而是将其中当前使用部分先装入主存储器，其余暂时不用的部分先存放在作为主存扩充的辅助存储器中，待用到这些信息时，再由系统自动把它们装入到主存储器中。

(3) 参考答案：B

试题解析 运算器由算术逻辑单元（ALU）、累加寄存器、数据缓冲寄存器和状态条件寄存器组成，是数据加工的处理部件，完成计算机的各种算术和逻辑运算。

控制器用于控制整个CPU的工作，决定了计算机运行过程的自动化，不仅要保证程序的正确执行，而且要能够处理异常的事件。控制器包含程序计数器（PC）、指令寄存器（IR）、地址寄存器（AR）、指令译码器（ID）、时序部件等。

(4) 参考答案：D

试题解析 中断是指在计算机执行程序的过程中，当出现异常情况或者特殊请求时，计算机停止现行的程序的运行，转而对这些异常处理或者特殊请求的处理，处理结束后再返回到现行程序的中断处，继续执行原程序。

中断向量：中断服务程序的入口地址。

中断向量表：把系统中所有的中断类型码及对应的中断向量按一定的规律存放在一个区域内，这个存储区域就称为中断向量表。

CPU是根据中断号获取中断向量值，即对应中断服务程序的入口地址值。

(5) 参考答案：B

（19）参考答案：D

🔍试题解析 孩子-兄弟表示法的每个节点有两个指针域，一个指向其长子，另一个指向其兄弟。

（20）参考答案：C

🔍试题解析 数据库管理员（DBA）负责数据库的总体信息控制。具体职责包括决定数据库中信息内容和结构；决定数据库的存储结构和存取策略；定义数据库的安全性要求和完整性约束条件；监控数据库的使用和运行；数据库的性能改进、数据库的重组和重构，以提高系统的性能。

（21）参考答案：A

🔍试题解析 完整性约束防止的是对数据的意外破坏。

实体完整性规定基本关系 R 的主属性 A 不能取空。

用户自定义完整性就是针对某一具体关系数据库的约束条件，反映某一具体应用所涉及的数据必须满足的语义要求，由应用的环境决定。如：年龄必须为大于 0 小于 150 的整数。

参照完整性/引用完整性规定，若 F 是基本关系 R 的外码，它与基本关系 S 的主码 K 相对应（基本关系 R 和 S 不一定是不同的关系），则 R 中每个元组在 F 上的值或者取空值，或者等于 S 中某个元组的主码值。

本题中是按照业务系统自身的要求来定义数据的约束，属于用户自定义完整性。

（22）（23）参考答案：A D

🔍试题解析 一个学生可以选择多门课程，一门课程可以由多个学生选择，说明学生与选课之间的联系类型为多对多。对于多对多的联系转换成关系时，应为一个独立的关系，联系的属性由两端实体的码和联系的属性组成。该关系码为两端实体集码共同组成。对于本题来说联系本身需要记录成绩，所以 SC 关系应该由学生号、课程号、成绩 3 个属性组成。

（24）参考答案：B

🔍试题解析 给列取别名的语法为：列名 AS 新列名；

最大值聚集函数为：MAX；最小值聚集函数为：MIN。

（25）参考答案：C

🔍试题解析 路由器可以分割广播风暴；交换机可以分割冲突域。

（26）（27）参考答案：A C

🔍试题解析 简单网络管理协议（Simple Network Management Protocol，SNMP），属于应用层协议，用于管理与监视网络设备。协议的报文封装在 UDP 中传送，UDP 为应用程序提供了一种无需建立连接就可以发送封装的 IP 数据包的方法。

（28）参考答案：A

🔍试题解析 在 wb.xyz.com.cn 中，wb 为主机名；xyz.com.cn 为域名。

（29）参考答案：C

🔍试题解析 管理距离决定了路由的优先，管理距离越小说明路由优先级越高。

（30）参考答案：D

🔍试题解析

11111111.11111111.111111	00.00000000	/22
11011100.01110000.101100	11.01011100	220.112.179.92
11011100.01110000.101100	01.01000000	220.112.177.64
11011100.01110000.100100	11.01000000	220.112.147.64
11011100.01110000.100100	01.01000000	220.112.145.64
11011100.01110000.100100	01.00100000	220.112.145.32

从上图中可以看出，只有选项 D 与题干的 IP 属于同一网段，所以路由时应选择 220.112.177.64/22。

（31）（32）参考答案：C A

🔍试题解析 题干中明确说明希望快速开发，同时可以接受多次交互，这种情况下适合增量模型。

这样可以快速开发第一交互产品、交互，然后再开发、再交互。

(33)(34) **参考答案**：D A

📖**试题解析** 本题中关键路径为：A→B→D→G→F→J 和 A→B→C→E→F→J，总时长为18，所以完成该项目的最小时间为18天。

由于BC在关键路径上，所以活动BC的松弛时间为0，又由于关键路径时长为18，经过BF的最长路径为11，所以活动BF的松弛时间为18-11=7。

(35)(36)(37) **参考答案**：D D D

📖**试题解析** 体系结构设计是整个系统架构需要考虑的问题，过程设计主要包含对数据结构和算法的设计。

加工规格说明描述了输入数据流到输出数据流之间的变换，是算法设计的主要依据。

算法可以借助各种工具描述出来，一个算法可以用自然语言、数字语言或约定的符号来描述，如流程图、伪代码、决策表、决策树等，不包含程序设计语言代码。

(38)(39) **参考答案**：C C

📖**试题解析** 偶然聚合：模块完成的动作之间没有任何关系，或者仅仅是一种非常松散的关系。
逻辑聚合：模块内部的各个组成在逻辑上具有相似的处理动作，但功能用途上彼此无关。
时间聚合：模块内部的各个组成部分所包含的处理动作必须在同一时间内执行。
过程聚合：模块内部各个组成部分所要完成的动作虽然没有关系，但必须按特定的次序执行。
通信聚合：模块的各个组成部分所完成的动作都使用了同一个数据或产生同一输出数据。
顺序聚合：模块内部的各个部分，前一部分处理动作的最后输出是后一部分处理动作的输入。
功能聚合：模块内部各个部分全部属于一个整体，并执行同一功能，且各部分对实现该功能都必不可少。

本题中模块A内部的各个部分处理成分是需要按照特定的次序来执行的，结合题干的选项来看，选择过程聚合比较符合题意，这种聚合不利于模块的重用。

(40)(41) **参考答案**：A A

📖**试题解析** 当序列基本有序时，使用插入排序效率是最高的，能达到这种算法的最优效果。时间复杂度为O(n)。

(42)(43) **参考答案**：B C

📖**试题解析** 数据流图（Data Flow Diagram，DFD）是一种最常用的结构化分析工具，从数据传递和加工的角度，以图形的方式描述系统内数据的运动情况。DFD摆脱了系统的物理内容，精确地在逻辑上描述系统的功能、输入、输出和数据存储等，是系统逻辑模型的重要组成部分。

加工描述了输入数据流到输出数据流之间的变换，也就是输入数据流经过什么处理后变成了输出数据流。

(44)(45)(46)(47) **参考答案**：B B B C

📖**试题解析** 用例图展现了一组用例、参与者以及它们之间的关系；通常包括用例、参与者、扩展关系、包含关系。

用例是对一组动作序列的描述，系统执行这些动作将产生一个对特定的参与者有价值而且可观察的结果。

用例图用于对系统的静态用例视图进行建模。这个视图主要支持系统的行为，即该系统在它的周边环境的语境中提供的外部可见服务。

当对系统的静态用例视图建模时，可以用下列两种方式来使用用例图：
1）对系统的语境建模。对一个系统的语境进行建模，包括围绕整个系统画一条线，并声明有哪些参与者位于系统之外并与系统进行交互。在这里，用例图说明了参与者以及它们所扮演的角色的含义。
2）对系统的需求建模。对一个系统的需求进行建模，包括说明这个系统应该做什么（从系统外部的一个视点出发），而不是考虑系统应该怎么做。在这里，用例图说明了系统想要的行为。通过这种方式，用例图使我们能够把整个系统看作一个黑盒子。可以观察到系统外部有什么，系统怎样与哪些外部是一样的（至少在语句级以上）。如果它们一样，我们便将这两个相似的部分合到一起，成为一个子程序，打开或关闭。在这一点上，软件系统与计算机、建筑或汽车经常混合使用一些重复的元件有很大区别。

数字计算机本身比人类所建造的大多数事物都要复杂，它们有超级多的状态。这使得对它们进行想象、描述和测试都很困难。软件系统的状态数目更是比计算机的超出几个数量级。

同理，软件实体的扩展不单是这一批元件变大一点，它必将是大量不同元件都有增加。在大多数情况下，构件以非线性的方式相互作用，而整体的复杂性远超线性增加。

软件的复杂性具有必然性，并非偶然。因此，对于软件实体的描述，剥离了它的复杂性往往就等于剥离了它的本质。过去这三个世纪，通过构建复杂现象的简化模型，从模型的属性再倒推，并通过实验验证这些属性，数学和物理科学取得了长足的进步。这之所以行之有效，是因为模型中忽略掉的复杂特性并不是现象中重要的本质属性。而当这些复杂性很重要时，这种方法就会失效。

开发软件产品的许多经典问题都源于这种本质的复杂性，其非线性随规模的增加而增加。不仅是技术问题，管理问题也来自于复杂性。

全国计算机技术与软件专业技术资格考试
2016 年下半年 软件评测师 下午试卷解析

试题一
【参考答案】
【问题 1】
x>0；x<=0 　　　（1 对应的判断条件）
x= =1；x!=1 　　　（2 对应的判断条件）
y= =7 或者 y= =21；y!=7 且 y!=21（5，6 对应的判断条件）

【问题 2】

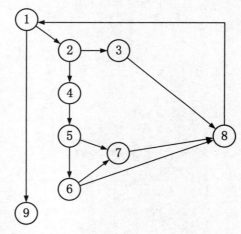

环路复杂度 V(G)=边数-节点数+2=12-9+2=5。

【问题 3】
　　线性无关路径是指包括一组以前没有处理的语句或条件的一条路径。从控制流图来看，一条线性无关路径是至少包含有一条在其他线性无关路径中从未有过的边的路径：
　　（1）1、9。
　　（2）1、2、3、8、1、9。
　　（3）1、2、4、5、7、8、1、9。
　　（4）1、2、4、5、6、7、8、1、9。
　　（5）1、2、4、5、6、8、1、9。

试题二
【参考答案】
【问题 1】
　　（1）P
　　（2）Z/C
　　（3）A/D/I/Y
　　（4）正整数
　　（5）非 F、S、G、P 的字母

【问题4】
多态。
只需要在原有的测试分析和基础上增加对测试用例中输入数据的类型的考虑；先测试基类，然后再分别依据输入数据设计不同的测试用例。

【问题5】
先测试 Account 类，然后测试 SavingAccount 类。

试题五

【参考答案】
【问题1】
（1）1.9　　　　（2）1.55　　　　（3）2.7
（4）-2.9　　　（5）0　　　　　　（6）0

【问题2】
（1）1.454　　　（2）2　　　　　　（3）9
（4）二级故障　　（5）0　　　　　　（6）一级故障

【问题3】
缺陷：当 3 个通道的数据只差不超过 0.5，而且两两之间的差值有两个相等时，存在取值问题。如测试数据为：2.0、2.2、2.4 时，存在取值问题，是取 2.1 还是 2.3？

（6）非规定舱位的字母
（7）非正整数

【问题2】
（1）1000
（2）500
（3）3，7，11
（4）R/B/H/K/L/M/W
（5）F
（6）0
（7）9
（8）GG
（9）3
（10）XYZ（非规定舱位的字母）
（11）300.3
（12）N/A
（13）-200/0

试题三

【参考答案】
【问题1】
需要进行性能测试、安全性测试、兼容性测试、易用性测试。

【问题2】
系统的通信吞吐量为 3000×128×2KB=750MB。

【问题3】
表单输入测试需要测试每个字段的验证、字段的缺省值、表单中的输入。

【问题4】
（1）4个股票交易的测试输入：
1）111111，10万，6（正确输入）。
2）1222，10万，6（代码错误）。
3）111111，0万，6（数量错误）。
4）111111，10万，0（价格错误）。
（2）客户开户的测试输入：
1）姓名：张三 or 1=1—E-mail：q123@q123.com 地址：xxxxxxx
2）姓名：张三 E-mail：q123@q123.com 地址：xxxxxxx<script>alert('测试信息')</script>

试题四

【参考答案】
【问题1】
面向对象单元测试的主要对象是针对程序的函数、过程或完成某一特定功能的程序块。

【问题2】
（1）继承类的成员函数在子类中做了改动。
（2）成员函数调用了改动过的成员函数的部分。

【问题3】
还需要调用 getBalance()。
先测试 getBalance()，再测试 deposit()。

🎣**试题解析** 边界值分析法需要考虑输入域的边界和输出域的边界。

（61）**参考答案**：C

🎣**试题解析** V(G)=边-节点+2=10-6+2=6；V(G)表示实现基本路径覆盖测试用例的最大数量。

（62）**参考答案**：B

🎣**试题解析** 多条件覆盖（MCC）也称条件组合覆盖，设计足够的测试用例，使得每个判定中条件的各种可能组合都至少出现一次。

本题中"&"被认为是位运算，则 MCC 的测试用例数应为：$2^2=4$，如果作为逻辑与运算，则有 3 个条件，符合 MCC 的测试用例数应为：$2^3=8$。

（63）**参考答案**：B

🎣**试题解析** 测试执行过程的阶段有初测期、细测期和回归测试期。
初测期：测试主要功能和关键的执行路径，排除主要障碍。
细测期：依据测试计划和测试用例，逐一测试大大小小的功能、方方面面的特性、性能、用户界面、兼容性、可用性等；预期可发现大量不同性质、不同严重程度的错误和问题。
回归测试期：系统已达到稳定，在一轮测试中发现的错误已十分有限；复查已知错误的纠正情况，未引发任何新的错误时，终结回归测试。

（64）**参考答案**：D

🎣**试题解析** 回归测试是指修改了旧代码后，重新进行测试以确认修改没有引入新的错误或导致其他代码产生错误。

（65）**参考答案**：B

🎣**试题解析** 测试时间不足不应作为测试停止的依据。

（66）**参考答案**：D

🎣**试题解析** 动态测试是指通过人工或使用工具运行程序进行检查、分析程序的执行状态和程序的外部表现，所以选项 D 是错误的描述。

（67）**参考答案**：B

🎣**试题解析** 性能测试用来保证产品发布后系统的性能能够满足用户需求。性能测试通常存在性能调优与性能评测两种性能测试策略。
性能评测主要包括在真实环境下，检查系统服务级别的满足情况，评估并报告整个系统的性能；对系统的未来容量作出预测和规划。性能评测是性能调优的基础，性能调优的步骤为：查找形成系统瓶颈或者故障的根本原因；进行性能调整和优化；评估性能调整的效果。

（68）**参考答案**：B

🎣**试题解析** 加密机制是保护数据安全的重要手段，加密的基本过程就是对原来为明文的文件或数据，按某种算法进行处理，使其成为不可读的密文。由于不同加密机制的用途及强度不同，因此一个信息系统中加密机制使用是否合理，强度是否满足当前需要，需要通过测试来检验。通常，模拟解密是测试的一个重要手段。

（69）**参考答案**：C

🎣**试题解析** 日志应当记录所有用户访问系统的操作内容，包括登录用户名称、登录时间、浏览数据动作、修改数据动作、删除数据动作、退出时间、登录机器的 IP 等。
安全日志测试根据业主要求或设计需求，对日志的完整性、正确性进行测试。测试安全日志是否包含了日志内容的全部项目、是否正确；对于大型应用软件，测试系统是否提供了安全日志的智能统计分析；是否可以按照各种特征项进行日志统计，分析潜在的安全隐患，及时发现非法行为。

（70）**参考答案**：C

🎣**试题解析** 当一个实体不能执行它的正常功能，或它的动作妨碍了别的实体执行它们的正常功能的时候，便发生服务拒绝。这种攻击不一定需要目标系统存在漏洞，如 UDP 洪水。

（71）（72）（73）（74）（75）**参考答案**：C A B D C

🎣**试题解析** 软件实体在规模上或许比其他任何人类创造的结构要更为复杂，因为没有两个部分事物相互作用,但却看不到系统内部是如何工作的。
用例的委托扩展两种方式:
1)包含关系:使用包含(include)用例来封装一组跨越多个用例的相似动作(行为片断),以便多个基(Base)用例复用,做基用例的时候,必然会做它所包含的事件。
2)扩展关系:将基用例中一段相对独立并且可选的动作,用扩展(Extension)用例加以封装,再让它从基用例中声明的扩展点(Extension Point)上进行扩展,从而使基用例行为更简练和目标更集中。扩展用例为基用例添加新的行为。扩展用例可以访问基用例的属性,因此它能根据基用例中扩展点的当前状态来判断是否执行自己。但是扩展用例对基用例不可见。

(48)**参考答案**:B
试题解析 多态性是多种表现形式;多态性的实现一般通过在派生类中重定义基类的虚函数来实现。本题中给定一个方法,不同的子类行为不同,这是多态机制。

(49)**参考答案**:A
试题解析 MTTF 是用来描述可靠性的指标。

(50)**参考答案**:D
试题解析 改正性维护是指在使用过程中发现了隐蔽的错误后,为了诊断和改正这些隐蔽错误而修改软件的活动。
适应性维护是指为了适用变化了的环境而修改软件的活动。
完善性维护是指为了扩充或完善原有软件的功能或性能而修改软件的活动。
预防性维护是指为了提高软件的可维护性和可靠性、为未来的进一步改进打下基础而修改软件的活动。
题干中修改文档和代码提高可读性,提高可读性有利于提高可维护性,所以应该属于预防性维护。

(51)**参考答案**:A
试题解析 单元测试是对程序模块进行的测试,不属于系统测试的范畴。

(52)**参考答案**:D
试题解析 文档中的示例应像用户一样载入和使用样例。如果是一段程序,就输入数据并执行它以每一个模板制作文件,确认它们的正确性。

(53)**参考答案**:C
试题解析 软件测试的对象为程序、数据和文档。

(54)**参考答案**:D
试题解析 IEEE 829 标准中列出测试用例应该包含的重要信息有标识符、测试项、输入说明、输出说明、环境要求、特殊过程要求、用例之间的依赖性。结合本题来看应该选择选项 D。

(55)**参考答案**:D
试题解析 软件测试原则为所有的测试都应追溯到用户需求;应尽早并不断地进行测试;测试工作应避免由原开发软件的人或小组来承担(单元测试除外);穷举测试是不可能的,测试需要终止;充分重视测试中的群集现象;严格按照测试计划来进行,避免随意性。

(56)**参考答案**:C
试题解析 ③、④违背了测试应尽早开始的原则。

(57)**参考答案**:C
试题解析 ①为 Java 单元测试工具;②是一种预测系统行为和性能的负载测试工具;③、④为开发相关的工具。

(58)**参考答案**:D
试题解析 兼容性测试包括软件、硬件、数据、平台等兼容性测试。

(59)**参考答案**:B
试题解析 因果图法是从自然语言书写的程序规格说明的描述中找出因(输入条件)和果(输出或程序状态的改变),通过因果图转换为判断表。

(60)**参考答案**:A

（11）参考答案：C

🎸试题解析 PV 操作：PV 操作是实现进程同步和互斥的常用方法，P 操作和 V 操作是低级通信原语，在执行期间不可分割；其中 P 操作表示申请一个资源，V 操作表示释放一个资源。

P 操作的定义：S:=S-1，若 S≥0，则执行 P 操作的进程继续执行；若 S<0，则将该进程设为阻塞状态（因为无可用资源），并将其插入阻塞队列。

V 操作的定义：S:=S+1，若 S>0，则执行 V 操作的进程继续执行；若 S≤0，则从阻塞状态唤醒一个进程，并将其插入就绪队列，然后执行 V 操作的进程继续。

本题中 S 初始值为 3，当 n 个进程同时执行时，需要执行 n 次 P 操作，这时信号量的值应为 3-n，所以信号量的变化范围为：-(n-3)!3。

（12）（13）参考答案：C D

🎸试题解析 传值调用：形参取的是实参的值，形参的改变不会导致调用点所传的实参的值发生改变。

引用（传址）调用：形参取的是实参的地址，即相当于实参存储单元的地址引用，因此其值的改变同时就改变了实参的值。

本题中，a=x>>1，x 值为 5，则 a=2；采用传值调用时，由于 g(a)对数据 x 的运算不会影响原来 x 的值，所以 a+x=5+2=7；采用传值调用时，由于 g(a)对数据 x 的运算会影响原来 x 的值，当执行 g(a)后 x 的值为 6，所以 a+x=5+6=11。

（14）参考答案：B

🎸试题解析 由于 a[i,j]（0≤i<n，0≤j<m）i 和 j 是从 0 开始的，以行为主序，则 a[i,j]前面已经有 i 行已经排列满，一共有 i*m 个元素，在 a[i,j]元素所在的行，前有 j 个元素，所以 a[i,j]前一共有 i*m+j 个元素；每个元素占用 4 个存储单元，所以 a[i,j]相对数组空间首地址的偏移量为(i*m+j)*4。

（15）参考答案：A

🎸试题解析 在单向链表（或双向链表）的基础上，令表尾节点的指针指向表中的第一个节点，构成循环链表。其特点是可以从表中任意节点开始遍历整个链表。

（16）参考答案：B

🎸试题解析 在线性表中插入和删除元素都需要修改前驱和后继的指针。

查找并返回第 i 个元素的值，这个只要找到该位置读取即可。

查找与给定值相匹配的元素的位置，先读取第一个元素再比较，以此类推，直到找到该元素。

（17）参考答案：C

🎸试题解析 选项 A：a 进栈、a 出栈、b 进栈、b 出栈、c 进栈、c 出栈、d 进栈、d 出栈。

选项 B：a 进栈、b 进栈、b 出栈、a 出栈、c 进栈、c 出栈、d 进栈、d 出栈。

选项 C：无法实现。

选项 D：a 进栈、b 进栈、c 进栈、d 进栈、d 出栈、c 出栈、b 出栈、a 出栈。

（18）参考答案：B

🎸试题解析

类别	排序方法	时间复杂度		空间复杂度	稳定性
		平均情况	最坏情况	辅助存储	
插入排序	直接插入	$O(n^2)$	$O(n^2)$	$O(1)$	稳定
	Shell 排序	$O(n^{1.3})$	$O(n^2)$	$O(1)$	不稳定
选择排序	直接选择	$O(n^2)$	$O(n^2)$	$O(1)$	不稳定
	堆排序	$O(n\log_2 n)$	$O(n\log_2 n)$	$O(1)$	不稳定
交换排序	冒泡排序	$O(n^2)$	$O(n^2)$	$O(1)$	稳定
	快速排序	$O(n\log_2 n)$	$O(n^2)$	$O(\log_2 n)$	不稳定
归并排序		$O(n\log_2 n)$	$O(n\log_2 n)$	$O(n)$	稳定
基数排序		$O(d(r+n))$	$O(d(r+n))$	$O(r+n)$	稳定

💡**试题解析** 地址总线决定计算机寻址的空间，宽度 32 位，即计算机的寻址能力为：$2^{32}=2^2\times 2^{30}$=4GB。

（6）**参考答案**：C

💡**试题解析** 格式化程序用于磁盘格式化；格式化是指对磁盘或磁盘中的分区（partition）进行初始化的一种操作，这种操作通常会导致现有的磁盘或分区中所有的文件被清除。

碎片整理程序用于磁盘碎片整理；磁盘碎片整理就是通过系统软件或者专业的磁盘碎片整理软件对计算机磁盘在长期使用过程中产生的碎片和凌乱文件重新整理，可提高计算机的整体性能和运行速度。

磁盘碎片应该称为文件碎片，是因为文件被分散保存到整个磁盘的不同地方，而不是连续地保存在磁盘连续的簇中形成的。硬盘在使用一段时间后，由于反复写入和删除文件，磁盘中的空闲扇区会分散到整个磁盘中不连续的物理位置上，从而使文件不能存在连续的扇区里。这样，再读写文件时就需要到不同的地方去读取，增加了磁头的来回移动，降低了磁盘的访问速度。

内存是随机访问存取，文件在任何位置读取的时间是一样的。

（7）**参考答案**：B

💡**试题解析** SMTP（Simple Mail Transfer Protocol）即简单邮件传输协议：用于电子邮件的传递和投递。

POP3（Post Office Protocol-Version 3）即邮局协议版本 3：用于支持使用客户端远程管理在服务器上的电子邮件，是一种离线的收邮件的协议。

MIME（Multipurpose Internet Mail Extensions）即多用途互联网邮件扩展类型：它设计的最初目的是为了在发送电子邮件时附加多媒体数据，让邮件客户程序能根据其类型进行处理。当被 HTTP 协议支持之后，它的意义就更为显著了。它使得 HTTP 传输的不仅是普通的文本，而变得丰富多彩。

PGP（Pretty Good Privacy）即更好地保护隐私；是一个基于 RSA 公钥加密体系的邮件加密软件。可以用它对邮件保密以防止非授权者阅读，它还能对邮件加上数字签名从而使收信人可以确认邮件的发送者，并能确信邮件没有被篡改。它可以提供一种安全的通信方式，而事先并不需要任何保密的渠道用来传递密钥。它采用了一种 RSA 和传统加密的杂合算法，用于数字签名的邮件文摘算法、加密前压缩等，还有一个良好的人机工程设计。它的功能强大，有很快的速度。

（8）**参考答案**：C

💡**试题解析** 字处理程序用于文字的格式化和排版，文字处理软件的发展和文字处理的电子化是信息社会发展的标志之一。

设备驱动程序是一种可以使计算机和设备通信的特殊程序。相当于硬件的接口，操作系统只有通过这个接口，才能控制硬件设备的工作。

语言翻译程序是一种系统程序，它将计算机编程语言编写的程序翻译成另外一种计算机语言等价的程序，主要包括编译程序和解释程序，汇编程序也被认为是翻译程序。

（9）**参考答案**：C

💡**试题解析** 分布式操系统是网络操作系统的更高级形式，保持网络系统所拥有的全部功能，同时又有透明性、可靠性和高性能等。

（10）**参考答案**：D

💡**试题解析** 运行态：占有处理器正在运行。

就绪态：指具备运行条件，等待系统分配处理器以便运行。

等待态：又称为阻塞态或睡眠态，指不具备运行条件，正在等待某个事件的完成。

运行态—等待态：等待使用资源，如等待外设传输，等待人工干预。

等待态—就绪态：资源得到满足，如外设传输结束，人工干预完成。

运行态—就绪态：运行时间片到，出现有更高优先权进程。

就绪态—运行态：CPU 空闲时选择一个就绪进程。

本题中，时间片到，进程应该进入就绪态；I/O 完成进程应该是阻塞态到就绪态；V 操作是释放资源，到一个进程释放资源，应该会唤醒另一个进程运行。所以最适合的选项应为 D。

问题 3

问题 4

| 评阅人 | | 校阅人 | | 小计 | |

试题四解答栏 　　　得　分

问题 1

问题 2

问题 3

问题 3	
评阅人	校阅人	小 计	

试 题 二 解 答 栏	得 分
问题 1	
问题 2	
评阅人	校阅人	小 计	

试 题 三 解 答 栏	得 分
问题 1	
问题 2	

空（1）～（6）。

表 5-2

序号	前置条件		输入		输出（预期结果）	
	控制率超差连续计数	控制率超差累计计数	计算控制率	实际控制率	输出控制率	上报故障
1	0	0	1.632	1.638	1.632	无
2	0	0	1.465	1.454	（1）	无
3	（2）	6	2.358	2.369	2.369	三级故障
4	1	（3）	1.569	1.557	1.557	二级故障
5	2	9	2.221	2.234	2.234	（4）
6	0	99	1.835	1.822	（5）	一级故障
7	2	99	2.346	2.357	0	（6）

【问题3】（2分）

测试人员在设计测试用例进行采集算法测试时，发现本项目的三余度采集值的具体处理算法存在 1 处缺陷，请指出此处缺陷。

C 和飞行公里数 K，程序的输出为本次积分 S。其中，B 和 C 为字母且大小写不敏感，K 为正整数，S 为整数（小数部分四舍五入）。

【问题 1】（7 分）

采用等价类型划分法对该程序进行测试，等价类表见表 2-3，请补充空（1）～（7）。

表 2-3

输入条件	有效等价类	编号	无效等价类	编号
会员级别 B	F	1	非字母	12
	S	2	非单个字母	13
	G	3	（5）	14
	（1）	4		
舱位代码 C	F	5	非字母	15
	（2）	6	（6）	16
	（3）	7		
	R/B/H/K/L/M/V	8		
	Q/X/U/E	9		
	P/S/G/O/J/V/N/T	10		
飞行公里数 K	（4）	11	非整数	17
			（7）	18

【问题 2】（13 分）

根据以上等价类表设计的测试用例见表 2-4，请补充空（1）～（13）。

表 2-4

编号	输入 B	输入 C	输入 K	覆盖等价类（编号）	预期输出
1	F	F	500	1，5，11	（1）
2	S	Z	（2）	2，6，11	825
3	G	A	500	（3）	781
4	P	（4）	500	4，8，11	750
5	（5）	Q	500	1，9，11	250
6	F	P	500	1，10，11	（6）
7	（7）	P	500	12，10，11	N/A
8	（8）	F	500	13，5，11	N/A
9	A	Z	500	14，6，11	N/A
10	S	（9）	500	2，15，11	N/A
11	S	（10）	500	2，16，11	N/A
12	S	Q	（11）	2，9，17	（12）
13	S	P	（13）	2，10，18	N/A

试题三（20 分）

阅读下列说明，回答问题 1 至问题 4，将解答填入答题纸的对应栏内。

【说明】 某证券交易所为了方便提供证券交易服务，欲开发一个基于 Web 的证券交易平台。其主要功能包括客户开户，记录查询、存取款、股票交易等。客户信息包括姓名、E-mail（必填且唯一）、地址等；股票交易信息包括股票代码（6 位数字编码的字符串）、交易数量（100 的整数倍）、买/卖价格（单位：元，精确到分）。

系统要支持：

（1）在特定时期内 3000 个用户并发时，主要功能的处理能力至少要达到 128 个请求/秒，平均数据量 2KB/请求。

试题一（15分）

阅读下列 C 程序，回答问题 1 至问题 3，将解答填入答题纸的对应栏内。

【C 程序】
```c
int count(int x,int z){
    int y=0;
    while(x>0){         //1
        if(x==1)        //2
            y=7;        //3
        else{           //4
            y=x+z+4;
            if(y==7||y==21)  //5,6
                x=1;         //7
        }
        x--;            //8
    }
    return y;           //9
}
```

【问题 1】（3 分）
请针对上述 C 程序给出满足 100%DC（判定覆盖）所需的逻辑条件。

【问题 2】（7 分）
请画出上述程序的控制流图，并计算其控制流图的环路复杂度 V(G)。

【问题 3】（5 分）
请给出[问题 2]中控制流图的线性无关路径。

试题二（20分）

阅读下列说明，回答问题 1 和问题 2，将解答填入答题纸的对应栏内。

【说明】某航空公司的会员卡分为普卡、银卡、金卡和白金卡 4 个级别，会员每次搭乘该航空公司航班均可能获得积分，积分规则见表 2-1。此外，银卡及以上级别会员有额外积分奖励，奖励规则见表 2-2。

表 2-1

舱位	舱位代码	积分
头等舱	F	200%*K
	Z	150%*K
	A	125%*K
公务舱	C	150%*K
	D/I	125%*K
	R	100%*K
经济舱	Y	125%*K
	B/H/K/L/M/V	100%*K
	Q/X/U/E	50%*K
	P/S/G/O/J/V/N/T	0

表 2-2

会员级别	普卡	银卡	金卡	白金卡
级别代码	F	S	G	P
额外积分奖励	0%	10%	15%	50%

公司开发了一个程序来计算会员每次搭乘航班累积的积分，程序的输入包括会员级别 B、舱位代码

B. 回归测试需要针对修改过的软件成分进行测试
C. 回归测试需要能够测试软件的所有功能的代表性测试用例
D. 回归测试不容易实现自动化

- 以下属于测试停止依据的是___(65)___。
①测试用例全部执行结束　②测试覆盖率达到要求　③测试超出了预定时间
④查出了预定数目的故障　⑤执行了预定的测试方案　⑥测试时间不足
(65) A. ①②③④⑤⑥　B. ①②③④⑤　C. ①②③④　D. ①②③

- 以下关于测试方法的叙述中，不正确的是___(66)___。
(66) A. 根据被测代码是否可见分为白盒测试和黑盒测试
B. 黑盒测试一般用来确认软件功能的正确性和可操作性
C. 静态测试主要是对软件的编程格式与结构等方面进行评估
D. 动态测试不需要实际执行程序

- 以下关于性能测试的叙述中，不正确的是___(67)___。
(67) A. 性能测试的目的是为了验证软件系统是否能够达到用户提出的性能指标
B. 性能测试不用于发现软件系统中存在的性能瓶颈
C. 性能测试类型包括负载测试、强度测试、容量测试等
D. 性能测试常通过工具来模拟大量用户操作，增加系统负载

- 不同加密机制或算法的用途、强度是不相同的，一个软件或系统中的加密机制使用是否合理，强度是否满足当前要求，需要通过测试来完成，通常___(68)___是测试的一个重要手段。
(68) A. 模拟加密　　B. 模拟解密　　C. 漏洞扫描　　D. 算法强度理论分析

- 安全日志是软件产品的一种被动防范措施，是系统重要的安全功能，因此安全日志测试是软件系统安全性测试的重要内容，下列不属于安全日志测试基本测试内容的是___(69)___。
(69) A. 对安全日志的完整性进行测试，测试安全日志中是否记录包括用户登录名称、时间、地址、数据操作行为以及退出时间等全部内容
B. 对安全日志的正确性进行测试，测试安全日志中记录的用户登录、数据操作等日志信息是否正确
C. 对日志信息的保密性进行测试，测试安全日志中的日志信息是否加密存储，加密强度是否充分
D. 对于大型应用软件系统，测试系统是否提供安全日志的统计分析能力

- 下列关于 DoS 攻击的描述中，错误的是___(70)___。
(70) A. DoS 攻击通常通过抑制所有或流向某一特定目的端的消息，从而使系统某一实体不能执行其正常功能，产生服务拒绝
B. DoS 攻击不需入目标系统，仅从外部就可实现攻击
C. 只要软件系统内部没有漏洞，DoS 攻击就不可能成功
D. 死亡之 Ping、Land 攻击、UDP 洪水、Smurf 攻击均是常见的 DoS 攻击手段

- Software entities are more complex for their size than perhaps any other human construct, because no two parts are alike (at least above the statement level). If they are, we make the two similar parts into one, ___(71)___, open or closed. In this respect software systems differ profoundly from computers, buildings, or automobiles, where repeated elements abound.

　　Digital computers are themselves more complex than most things people build; they have very large numbers of states. This makes conceiving, describing, and testing them hard. Software systems have orders of magnitude more ___(72)___ than computers do.

　　Likewise, a scaling-up of a software entity is not merely a repetition of the same elements in larger size; it is necessarily an increase in the number of different elements. In most cases, the elements interact with each other in some ___(73)___ ashion, and the complexity of the whole increases much more than

以下关于文档测试的说法中，不正确的是 (52) 。
(52) A．文档测试需要仔细阅读文档，检查每个图形
     B．文档测试需要检查文档内容是否正确和完善
     C．文档测试需要检查标记是否正确
     D．文档测试需要确保大部分示例经过测试

软件测试的对象不包括 (53) 。
(53) A．软件代码   B．软件文档   C．质量保证方法   D．相关数据

测试用例的三要素不包括 (54) 。
(54) A．输入   B．预期输出   C．执行条件   D．实际输出

以下关于软件测试原则的叙述中，正确的是 (55) 。
①测试开始得越早，越有利于发现缺陷
②测试覆盖率和测试用例数量成正比
③测试用例既需选用合理的输入数据，又需要选择不合理的输入数据
④应制定测试计划并严格执行，避免随意性
⑤采用合适的测试方法，可以做到穷举测试
⑥程序员应尽量测试自己的程序
(55) A．①②③④⑤⑥ B．①②③④⑤   C．①②③④   D．①③④

以下关于测试时机的叙述中，正确的是 (56) 。
①应该尽可能早地进行测试
②软件中的错误暴露得越迟，则修复和改正错误所花费的代价就越高
③应该在代码编写完成后开始测试
④项目需求分析和设计阶段不需要测试人员参与
(56) A．①②③④   B．①②③   C．①②   D．①

以下属于软件测试工具的是 (57) 。
①JTest ②LoadRunner ③Visual Studio ④JBuilder
(57) A．①②③④   B．①②③   C．①②   D．①

兼容性测试不包括 (58) 。
(58) A．软件兼容性测试   B．硬件兼容性测试
     C．数据兼容性测试   D．操作人员兼容性测试

根据输出对输入的依赖关系设计测试用例的黑盒测试方法是 (59) 。
(59) A．等价类划分法 B．因果图法   C．边界值分析法   D．场景法

以下关于边界值测试法的叙述中，不正确的是 (60) 。
(60) A．边界值分析法仅需考虑输入域边界，不用考虑输出域边界
     B．边界值分析法是对等价类划分方法的补充
     C．错误更容易发生在输入输出边界上而不是输入输出范围的内部
     D．测试数据应尽可能选取边界上的值

一个程序的控制流图中有6个节点，10条边，在测试用例数最少的情况下，确保程序中每个可执行语句至少执行一次所需要的测试用例数的上限是 (61) 。
(61) A．2   B．4   C．6   D．8

对于逻辑表达式((b1&b2)||in)，需要 (62) 个测试用例才能完成条件组合覆盖。
(62) A．2   B．4   C．8   D．26

测试执行过程的阶段不包括 (63) 。
(63) A．初测期   B．系统测试期   C．细测期   D．回归测试期

以下关于回归测试的叙述中，不正确的是 (64) 。
(64) A．回归测试是为了确保改动不会带来不可预料的后果或错误

C. 在进行删除操作后，能保证链表不断开
D. 与单链表相比，更节省存储空间

● 若某线性表长度为 n 且采用顺序存储方式，则运算速度最快的操作是___(16)___。
(16) A. 查找与给定值相匹配的元素的位置
B. 查找并返回第 i 个元素的值（1≤i≤n）
C. 删除第 i 个元素（1≤i<n）
D. 在第 i 个元素（1≤i≤n）之前插入一个新元素

● 设元素 a、b、c、d 依次进入一个初始为空的栈，则不可能通过合法的栈操作序列得到___(17)___。
(17) A. abcd   B. bacd   C. cabd   D. dcba

● 若要求对大小为 n 的数组进行排序的时间复杂度为 O(nlog₂n)，且是稳定的（即如果待排序的序列中两个数据元素具有相同的值，在排序前后它们的相对位置不变），则可选择的排序方法是___(18)___。
(18) A. 快速排序   B. 归并排序   C. 堆排序   D. 冒泡排序

● 对于一般的树结构，可以采用孩子—兄弟表示法，即每个节点设置两个指针域，一个指针（左指针）指示当前节点的第一个孩子节点，另一个指针（右指针）指示当前节点的下一个兄弟节点。某树的孩子—兄弟表示如下图所示。以下关于节点 D 与 E 的关系的叙述中，正确的是___(19)___。

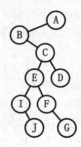

(19) A. 节点 D 与节点 E 是兄弟
B. 节点 D 是节点 E 的祖父节点
C. 节点 E 的父节点与节点 D 的父节点是兄弟
D. 节点 E 的父节点与节点 D 是兄弟

● 某企业研发信息系统的过程中，___(20)___不属于数据库管理员（DBA）的职责。
(20) A. 决定数据库中的信息内容和结构
B. 决定数据库的存储结构和存取策略
C. 进行信息系统程序的设计和编写
D. 定义数据的安全性要求和完整性约束条件

● 某高校人事管理系统中规定，讲师每课时的教学酬金不能超过 100 元，副教授每课时的教学酬金不能超过 130 元，教授每课时的教学酬金不能超过 160 元。这种情况下所设置的数据完整性约束条件称之为___(21)___。
(21) A. 用户定义完整性   B. 实体完整性
C. 主键约束完整性   D. 参照完整性

● 某教学管理数据库中，学生、课程关系模式和主键分别为：S（学号，姓名，性别，家庭住址，电话），关系 S 的主键为学号；C（课程号，课程名，学分），关系 C 的主键为课程号。假设一个学生可以选择多门课程，一门课程可以由多个学生选择。一旦学生选择某门课程必定有该课程的成绩。由于学生与课程之间的"选课"联系类型为___(22)___，所以对该联系___(23)___。
(22) A. n:m   B. 1:n   C. n:1   D. 1:1
(23) A. 不需要构建一个独立的关系模式
B. 需要构建一个独立的关系模式，且关系模式为：SC（课程号，成绩）
C. 需要构建一个独立的关系模式，且关系模式为：SC（学生号，成绩）

在汇编指令中，操作数在某寄存器中的寻址方式称为 (1) 寻址。
(1) A. 直接　　　　　B. 变址　　　　　　C. 寄存器　　　　　D. 寄存器间接

计算机系统中，虚拟存储体系由 (2) 两级存储器构成。
(2) A. 主存－辅存　　B. 寄存器－Cache　C. 寄存器－主存　　D. Cache－主存

程序计数器（PC）是 (3) 中的寄存器。
(3) A. 运算器　　　　B. 控制器　　　　　C. Cache　　　　　 D. I/O 设备

中断向量提供 (4) 。
(4) A. 外设的接口地址　　　　　　　　　B. 待传送数据的起始和终止地址
　　C. 主程序的断点地址　　　　　　　　D. 中断服务程序入口地址

在计算机系统中总线宽度分为地址总线宽度和数据总线宽度。若计算机中地址总线的宽度为32位，则最多允许直接访问主存储器 (5) 的物理空间。
(5) A. 40MB　　　　　B. 4GB　　　　　　C. 40GB　　　　　　D. 400GB

为了提高计算机磁盘存取效率，通常可以 (6) 。
(6) A. 利用磁盘格式化程序，定期对 ROM 进行碎片整理
　　B. 利用磁盘碎片整理程序，定期对内存进行碎片整理
　　C. 利用磁盘碎片整理程序，定期对磁盘进行碎片整理
　　D. 利用磁盘格式化程序，定期对磁盘进行碎片整理

安全的电子邮件协议为 (7) 。
(7) A. MIME　　　　　B. PGP　　　　　　C. POP3　　　　　　D. SMTP

操作系统通过 (8) 来组织和管理外存中的信息。
(8) A. 字处理程序　　B. 设备驱动程序　　C. 文件目录和目录项　D. 语言翻译程序

下列操作系统中，(9) 保持网络系统的全部功能，并具有透明性、可靠性和高性能等特性。
(9) A. 批处理操作系统　　　　　　　　　B. 分时操作系统
　　C. 分布式操作系统　　　　　　　　　D. 实时操作系统

在进程状态转换过程中，可能会引起进程阻塞的原因是 (10) 。
(10) A. 时间片到　　　B. 执行 V 操作　　C. I/O 完成　　　　D. 执行 P 操作

假设系统有 n 个进程共享资源 R，且资源 R 的可用数为3，其中 n≥3。若采用 PV 操作，则信号量 S 的取值范围应为 (11) 。
(11) A. -1～n-1　　　B. -3～3　　　　　C. -(n-3)～3　　　　D. -(n-1)～1

已知函数 f()、g()的定义如下所示，调用函数 f 时传递给形参 x 的值是5。若 g(a)采用引用调用（call by reference）方式传递参数，则函数的返回值为 (12) ；若 g(a)采用传值调用（call by value）的方式传递参数，则函数 f 的返回值为 (13) 。其中，表达式 "x>>1" 的含义是将 x 的值右移1位，相当于 x 除以2。

```
f(int x)                g(int x)
int a=x>>1;             x=x*(x+1);
g(a);                   return;
return a+x;
```

(12) A. 35　　　　　　B. 32　　　　　　　C. 11　　　　　　　D. 7
(13) A. 35　　　　　　B. 32　　　　　　　C. 11　　　　　　　D. 7

设数组 a[0..n-1,0..m-1]（n>1，m>1）中的元素以行为主序存放，每个元素占用4个存储单元，则数组元素 a[i,j]（0≤i<n，0≤j<m）的存储位置相对于数组空间首地址的偏移量为 (14) 。
(14) A. (j*m+i)*4　　B. (i*m+j)*4　　　C. (j*n+i)*4　　　　D. (i*n+j)*4

线性表采用单循环链表存储的主要优点是 (15) 。
(15) A. 从表中任一节点出发都能遍历整个链表
　　 B. 可直接获取指定节点的直接前驱和直接后继节点

2015 年下半年

全国计算机技术与软件专业技术资格考试
2015 年下半年 软件评测师 上午试卷

（考试时间 9:00～11:30 共 150 分钟）

请按下述要求正确填写答题卡

1. 在答题卡的指定位置上正确写入你的姓名和准考证号,并用正规 2B 铅笔在你写入的准考证号下填涂准考证号。
2. 本试卷的试题中共有 75 个空格,需要全部解答,每个空格 1 分,满分 75 分。
3. 每个空格对应一个序号,有 A、B、C、D 四个选项,请选择一个最恰当的选项作为解答,在答题卡相应序号下填涂该选项。
4. 解答前务必阅读例题和答题卡上的例题填涂样式及填涂注意事项。解答时用正规 2B 铅笔正确填涂选项,如需修改,请用橡皮擦干净,否则会导致不能正确评分。

例题

● 2015 年下半年全国计算机技术与软件专业技术资格考试日期是 ___(88)___ 月 ___(89)___ 日。

(88) A. 9   B. 10   C. 11   D. 12

(89) A. 4   B. 5   C. 6   D. 7

因为考试日期是"11 月 4 日",故(88)选 C,(89)选 A,应在答题卡序号 88 下对 C 填涂,在序号 89 下对 A 填涂(参看答题卡)。

C．Peer to Peer   D．Peer to Server
(24) A．TCP   B．UDP   C．P2P   D．IP

● 如果在查找路由表时发现有多个选项匹配，那么应该根据__(25)__原则进行选择，假设路由表有下列 4 个表项，那么与地址 139.17.179.92 匹配的表项是 __(26)__。
(25) A．包含匹配   B．恰当匹配   C．最长匹配   D．最短匹配
(26) A．139.17.145.32   B．139.17.145.64   C．139.17.147.64   D．139.17.177.64

● 在层次化局域网模型中，以下关于核心层的描述，正确的是__(27)__。
(27) A．为了保障安全性，对分组要进行有效性检查
    B．将分组从一个区域高速地转发到另一个区域
    C．由多台二、三层交换机组成
    D．提供多条路径来缓解通信瓶颈

● 算术表达式 a+b-c*d 的后缀式是 __(28)__ （-、+、*表示算术的减、加、乘运算，运算符的优先级和结合性遵循惯例）。
(28) A．ab+cd*-   B．abc+-d*   C．abcd+-*   D．ab+c-d*

● 函数 f()、g()的定义如下所示，已知调用 f 时传递给其形参 x 的值是 10，若以传值方式调用 g，则函数 f 的返回值为 __(29)__。

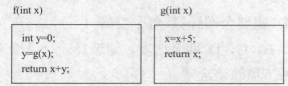

(29) A．10   B．15   C．25   D．30

● 当用户需求不清晰、需求经常发生变化、系统规模不太大时，最适宜采用的软件开发方法是 __(30)__。
(30) A．结构化   B．原型   C．面向对象   D．敏捷

● 在结构化分析方法中，利用分层数据流图对系统功能建模，以下关于分层数据流图的叙述中，不正确的是__(31)__。采用数据字典为数据流图中的每个数据流、文件、加工以及组成数据流或文件的数据项进行说明，其条目不包括__(32)__。
(31) A．顶层的数据流图只有一个加工，即要开的软件系统
    B．在整套分层数据流图中，每个数据存储应该有加工对其进行读操作，有加工对其进行写操作
    C．一个加工的输入数据流和输出数据流可以同名
    D．每个加工至少有一个输入数据流和一个输出数据流
(32) A．数据流   B．外部实体   C．数据项   D．基本加工

● 下图是一个软件项目的活动图，其中顶点表示项目的里程碑，连接顶点的边表示包含的活动，则完成该项目的最少时间为__(33)__天，活动 BD 最多可以晚开始__(34)__天而不会影响整个项目的进度。

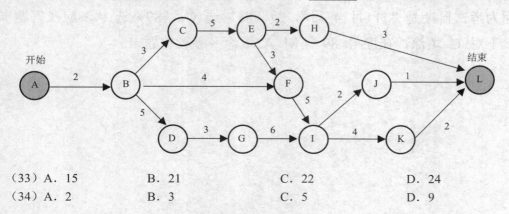

(33) A．15   B．21   C．22   D．24
(34) A．2   B．3   C．5   D．9

- 开发过程中以用户需求为动力，以对象作为驱动，__(35)__ 适合于面向对象的开发方法。
    (35) A．瀑布　　　　　B．原型　　　　　C．螺旋　　　　　D．喷泉
- 以下关于极限编程XP的叙述中，不正确的是 __(36)__ 。
    (36) A．由价值观、原则，实践和行为4个部分组成
      B．每个不同的项目都需要一套不同的策略、约定和方法论
      C．有4个价值观，即沟通、简单性、反馈和勇气
      D．有5大原则，即快速反馈、简单性假设、逐步修改、提倡更改和优质工作
- 以下关于分层体系结构的叙述中，不正确的是 __(37)__ 。
    (37) A．可以很好地表示软件系统的不同抽象层次
      B．对每个层的修改通常只影响其相邻的两层
      C．将需求定义到多层是很容易
      D．有利于开发任务的分工
- 以下关于模块耦合关系的叙述中，耦合程度最低的是 __(38)__ ，其耦合类型为 __(39)__ 耦合。
    (38) A．模块M2根据模块M1传递如标记量的控制信息来确定M2执行哪部分语句
      B．模块M2直接访问模块M1内部
      C．模块M1和模块M2用公共的数据结构
      D．模块M1和模块M2有部分代码是重叠的
    (39) A．数据　　　　　B．标记　　　　　C．控制　　　　　D．内容
- 堆是一种数据结构，分为大顶堆和小顶堆两种类型，大（小）顶堆要求父元素大于等于（小于等于）其左右孩子元素。则__(40)__是一个大顶堆结构，该堆结构用二叉树表示，其高度（或层数）为__(41)__。
    (40) A．94,31,53,23,16,27　　　　　　　B．94,53,31,72,16,23
      C．16,53,23,94,31,72　　　　　　　D．16,31,23,94,53,72
    (41) A．2　　　　　B．3　　　　　C．4　　　　　D．5
- 在ISO/IEC软件质量模型中，功能性是与一组功能及其指定的性质的存在有关的一组属性，其子特性不包括 __(42)__ 。
    (42) A．适应性　　　B．准确性　　　C．安全性　　　D．成熟性
- 程序质量评审通常是从开发者的角度进行评审，其内容不包括__(43)__。
    (43) A．功能结构　　B．功能的通用性　　C．模块层次　　D．与硬件的接口
- 在面向对象分析和设计中，用类图给出的静态设计视图，其应用场合不包括__(44)__。下图是一个UML类图，其中类University和类School之间是 __(45)__ 关系，类Person和类PersonRecord之间是 __(46)__ 关系，表示Person与PersonRecord __(47)__ 。

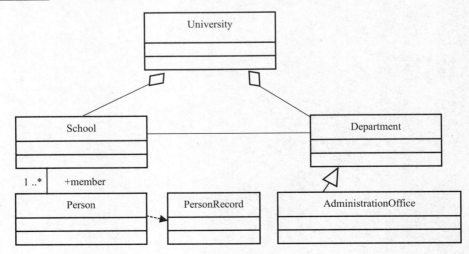

- 集线器与网桥的区别是 (70) 。
  (70) A．集线器不能检测发送冲突，而网桥可以检测冲突
       B．集线器是物理层设备，而网桥是数据链路层设备
       C．网桥只有两个端口，而集线器是一种多端口网桥
       D．网桥是物理层设备，而集线器是数据链路层设备

- In a world where it seems we already have too much to do, and too many things to think about, it seems the last thing we need is something new that we have to learn.

    But use cases do solve a problem with requirements: with (71) declarative requirements it's hard to describe steps and sequences of events.

    Use cases, stated simply, allow description of sequences of events that, taken together, lead to a system doing something useful. As simple as this sounds, this is important. When confronted only with a pile of requiements, it's often (72) to make sense of what the authors of the requirements really wanted the system to do. In the preceding example, use cases reduce the ambiguity of the requirements by specifying exactly when and under what conditions certain behavior occurs; as such, the sequence of the behaviors can be regarded as a requirement. Use cases are particularly well suited to capture approaches. Although this may sound simple, the fact is that (73) requirement capture approaches, with their emphasis on declarative requirements and "shall" statements, completely fail to capture fail to capture the (74) of the system's behavior. Use cases are a simple yet powerful way to express the behavior of the system in way that all stakeholders can easily understand.

    But, like anything, use cases come with their own problems, and as useful as they are, they can be (75) . The result is something that is as bad, if not worse, that the original problem. Therein it's important to utilize use cases effectively without creating a greater problem than the one you started with.

  (71) A．plenty   B．loose   C．extra   D．strict
  (72) A．impossible   B．possible   C．sensible   D．practical
  (73) A．modern   B．conventional C．different   D．formal
  (74) A．statics   B．nature   C．dynamics   D．originals
  (75) A．misapplied   B．applied   C．used   D．powerful

全国计算机技术与软件专业技术资格考试
2015年下半年 软件评测师 下午试卷

（考试时间 14:00～16:30 共150分钟）

请按下述要求正确填写答题纸

1. 在答题纸的指定位置填写你所在的省、自治区、直辖市、计划单列市的名称。
2. 在答题纸的指定位置填写准考证号、出生年月日和姓名。
3. 答题纸上除填写上述内容外只能写解答。
4. 本试卷共5道题，试题一至试题二是必答题，试题三至试题五选答2道，满分75分。
5. 解答时字迹务必清楚，字迹不清时，将不评分。
6. 仿照下面例题，将解答写在答题纸的对应栏内。

例题

- 2015年下半年全国计算机技术与软件专业技术资格考试日期是__（1）__月__（2）__日。

因为正确的解答是"11月4日"，故在答题纸的对应栏内写上"11"和"4"（参看下表）。

例题	解答栏
（1）	11
（2）	4

```
3       unsigned int n = 0;           //循环变量
4       unsigned int counter;         //无故障通道数目
5       if((array == NULL) ||(num == 0)||(num >16))
6            return -1;               //当输入参数异常时，函数返回-1
7       sort(array);                  //对存储值的数组进行排序处理
8       for(n = 0;n <= num;n++)
9       {
10           if((array[n].Value1 >45) && (array[n].Value2 >45))
11               counter =counter + 1;
12      }
13      return counter;
14  }
```

【问题1】（6分）

嵌入式软件中通常使用函数扇出数的注释来衡量程序的可维护性，请计算 num_of_passer 的扇出数和注释率，并判断此函数扇出数和注释率是否符合嵌入式软件的一般要求。

【问题2】（8分）

请使用代码审查的方法找出该程序中所包含的至少4处错误，指出错误所在的行号和问题描述。

序号	错误所在行号	问题描述
1		
2		
3		
4		

【问题3】（6分）

覆盖率是度量测试完整性的一个手段，也是度量测试有效性的一个手段。在嵌入式软件的白盒测试过程中，通常以语句覆盖率、分支覆盖率和 MC/DC 覆盖率作为度量指标，请分别指出对函数 num_of_passer 达到100%语句覆盖、100%分支覆盖和100%MC/DC 覆盖所需的最少测试用例数目。

覆盖率类型	所需的最少用例数
100%语句覆盖	
100%分支覆盖	
100%MC/DC 覆盖	

试题五（20分）

阅读下列说明，回答问题1至问题4，将解答填入答题纸的对应栏内。

【说明】某互联网企业开发了一个大型电子商务平台，平台主要功能是支持注册卖家与买家的在线交易。在线交易的安全性是保证平台上正常运行的重要因素，安全中心是平台上提供安全保护措施的核心系统，该系统的主要功能包括：

(1) 密钥管理功能包括公钥加密体系中的公钥及私钥生成与管理，会话密钥的协商、生成、更新及分发等。

(2) 基础加/解密服务包括基于 RSA、ECC 及 AES 等多密码算法的基本加/解密服务。

(3) 认证服务提供基于 PKI 及用户名/口令的认证机制。

(4) 授权服务为应用提供资源及功能的授权管理和访问控制服务。

现企业测试部门拟对产台的密钥管理与加密服务系统进行安全性测试，以检验平台的安全性。

【问题1】（4分）
给出安全中心需应对的常见安全攻击手段并简要说明。

【问题2】（6分）
针对安全中心的安全性测试，可采用哪些基本的安全性测试方法？

【问题3】（5分）
请分别说明针对密钥管理功能进行功能测试和性能测试各自应包含的基本测试点。

【问题4】（5分）
请分别说明针对加/解密服务功能进行功能测试和性能测试各自应包含的基本测试点。

全国计算机技术与软件专业技术资格考试
2015年下半年 软件评测师 下午试卷答题纸

（考试时间 14:00～16:30 共150分钟）

试题号	一	二	三	四	五	总分
得 分						
评阅人					加分人	
校阅人						

试 题 一 解 答 栏	得 分
问题1	
问题2	

全国计算机技术与软件专业技术资格考试
2015 年下半年 软件评测师 上午试卷解析

(1) **参考答案**：D

试题解析　本题考查计算机组成基础知识。DMA 控制器在需要的时候代替 CPU 作为总线主设备，在不受 CPU 干预的情况下，控制 I/O 设备与系统主存之间的直接数据传输。DMA 操作占用的资源是系统总线，而 CPU 并非在整个指令执行期间即指令周期内都会使用总线，故 DMA 请求的检测点设置在每个机器周期也即总线周期结束时执行，这样使得总线利用率最高。

(2) **参考答案**：A

试题解析　本题考查计算机组成原理的基础知识。计算机中不同容量、不同速度、不同访问形式、不同用途的各种存储器形成的是一种层次结构的存储系统。所有的存储器设备按照一定的层次逻辑关系通过软硬件连接起来，并进行有效的管理，就形成了存储体系。不同层次上的存储器发挥着不同的作用。一般计算机系统中主要有两种存储体系：①Cache 存储体系由 Cache 和主存储器构成，主要目的是提高存储器速度，对系统程序员以上均透明；②虚拟存储体系是由主存储器和在线磁盘存储器等辅存构成，主要目的是扩大存储器容量，对应用程序员透明。

(3) **参考答案**：B

试题解析　本题考查计算机组成基础知识。在计算机中使用了类似于十进制科学计数法的方法来表示二进制实数，因其表示不同的数时小数点位置的浮动不固定而取名浮点数表示法。浮点数编码由两部分组成：阶码 E（即指数，为带符号定点整数，常用移码表示，也有用补码的）和尾数（是定点纯小数，常用补码或原码表示）。因此可以知道，浮点数的精度由尾数的位数决定，表示范围的大小则主要由阶码的位数决定。

(4) **参考答案**：C

试题解析　本题考查计算机组成基础知识。随着主存增加，指令本身很难保证直接反映操作数的值或其地址，必须通过某种映射方式实现对所需操作数的获取。指令系统中将这种映射方式称为寻址方式，即指令按什么方式寻找（或访问）到所需的操作数或信息（例如转移地址信息等）。可以被指令访问到的数据和信息包括通用寄存器、主存、堆栈及外设端口寄存器等。指令中地址码字段直接给出操作数本身，而不是其访存地址，不需要再访问任何地址的寻址方式被称为立即寻址。

(5) **参考答案**：B

试题解析　本题考查计算机组成原理的基础知识。直接计算十六进制地址包含的存储单元个数即可。

DABFFH-B3000H+1=27C00H=162816=159KB，按字节编址，故此区域的存储容量为 159KB。

(6) **参考答案**：C

试题解析　本题考查程序语言基础知识。解释程序也称为解释器，它可以直接解释执行源程序，或者将源程序翻译成某种中间表示形式后再加以执行；而编译程序（编译器）则首先将源程序翻译成目标语言程序，然后在计算机上运行目标程序。这两种语言处理程序的根本区别是：在编译方式下，机器上运行的是与源程序等价的目标程序，源程序和编译程序都不再参与目标程序的执行过程；而在解释方式下，解释程序和源程序（或其某种等价表示）要参与到程序的运行过程中，运行程序的控制权在解释程序。解释器翻译源程序时不产生独立的目标程序，而编译器则需将源程序翻译成独立的目标程序。

分阶段编译器的工作过程如下图所示。其中，中间代码生成和代码优化不是必须的。

虑，组合属性只取各组合分量，若不含多值属性，通常一个实体对应一个关系模式。对实体中的多值属性，取实体的码和多值属性构成新增的关系模式，且该新增关系模式中，实体的码多值决定多值属性，属于平凡的多值依赖，关系属于 4NF。

（19）（20）参考答案：D　C

🖊试题解析　本题考查对分布式数据库基本概念的理解。分片透明是指用户或应用程序不需要知道逻辑上访问的表具体是怎么分块存储的。复制透明是指采用复制技术的分布方法，用户不需要知道数据是复制到哪些节点，如何复制的。位置透明是指用户无须知道数据存放的物理位置。逻辑透明即局部数据模型透明，是指用户或应用程序无须知道局部场地使用的是哪种数据模型。

（21）（22）参考答案：C　B

🖊试题解析　本题主要考查关系模式规范化方面的相关知识。因为根据函数依赖集 F 可知，属性 A3 和 A5 只出现在函数依赖的左部，故必为候选关键字属性，又因为 A3A5 可以决定关系 R 中的全部属性，故关系模式 R 的一个主键是 A3A5。又因为根据函数依赖集 F 可知，R 中的每个非主属性完全函数依赖于 A3A5，但该函数依赖集中地存在传递依赖，所以 R 是 2NF。

（23）（24）参考答案：B　A

🖊试题解析　本题考查 POP3 协议及 POP3 服务器方面的基础知识。POP3 协议是 TCP/IP 协议簇中用于邮件接收的协议。邮件客户端通过与服务器之间建立 TCP 连接，采用 Client/Server 计算模式来传送邮件。

（25）（26）参考答案：C　D

🖊试题解析　查找路由表时如发现有多个选项匹配，那么应该根据最长匹配原则进行选择。列出的 4 个表项中，与地址 139.17.179.92 匹配的表项是 139.17.177.64，参见下面的二进制表示。

路由表项 139.17.145.32 的二进制表示为：10001011.00010001.10010001.00100000
路由表项 139.17.145.64 的二进制表示为：10001011.00010001.10010001.01000000
路由表项 139.17.147.64 的二进制表示为：10001011.00010001.10010011.01000000
路由表项 139.17.177.64 的二进制表示为：10001011.00010001.10110001.01000000

地址 139.17.179.92 的二进制表示为：10001011.00010001.10110011.01000000，显然与最后一个表项为最长匹配。

（27）参考答案：B

🖊试题解析　在层次化局域网模型中，核心层的主要功能是将分组从一个区域高速地转发到另一个区域。核心层是因特网络的高速骨干，由于其重要性，因此在设计中应该采用冗余组件设计，使其具备高可靠性，能快速适应变化。在设计核心层设备的功能时，应尽量避免使用数据包过滤、策略路由等降低数据包转发处理的特性，以优化核心层获得低延迟和良好的可管理性。

汇聚层是核心层和接入层的分界点，应尽量将资源访问控制、核心层流量的控制等都在汇聚层实施。汇聚层应向核心层隐藏接入层的详细信息，汇聚层向核心层路由器进行路由宣告时，仅宣告多个子网地址汇聚而形成的一个网络。另外，汇聚层也会对接入层屏蔽网络其他部分的信息，汇聚层路由器可以不向接入路由器宣告其他网络部分的路由，而仅仅向接入设备宣告自己为默认路由。

接入层为用户提供了在本地网段访问应用系统的能力，接入层要解决相邻用户之间的互访需要，并且为这些访问提供足够的带宽。接入层还应该适当负责一些用户管理功能，包括地址认证、用户认证和计费管理等内容。接入层还负责一些信息的用户信息收集工作，例如用户的 IP 地址、MAC 地址和访问日志等信息。

（28）参考答案：A

🖊试题解析　本题考查程序语言基础知识。后缀式（逆波兰式）是波兰逻辑学家卢卡西维奇发明的一种表示表达式的方法。这种表示方法把运算符写在运算对象的后面，例如，把 a+b 写成 ab+，所以也称为后缀式。

算术表达式 a+b-c*d 的后缀式为 ab+cd*-。
用二叉树表示 a+b-c*d 如下图所示。

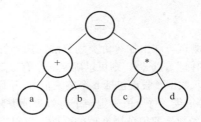

(29) **参考答案：C**

试题解析　本题考查程序语言基础知识。若实现函数调用时，将实参的值传递给对应的形参，则称为传值调用。这种方式下形式参数不能向实参传递信息。引用调用的本质是将实参的地址传给形参，函数中对形参的访问和修改实际上就是针对相应实际参数变量所作的访问和改变。

根据题目说明，当调用函数 f 时，形参 x 首先得到 10，接下来以传值方式调用函数 g，也就是将 f 中 x 的值传给 g 的参数 x，执行 g 中的"x=x+5"运算后，g 中 x 的值变为 15，返回值 15 存入 f 的变量 y（即 y 的值变为 10），而 f 中 x 的值没有变，因此函数 f 的返回值为 25（x=10，y=15）。

在引用方式调用 g 时，g 中对其形参 x 的修改可视为对调用 g 时实参的修改，因此调用 g 之后，f 中的 y 得到返回值 15，f 中的 x 也被修改为 15，所以 f 的返回值为 30。

(30) **参考答案：B**

试题解析　本题考查软件开发方法基础知识。要求考生掌握典型的软件开发方法的基本概念和应用场合。需求不清晰且规模不太大时采用原型方法最合适。

(31)(32) **参考答案：C　B**

试题解析　本题考查结构化分析的基础知识。在结构化分析方法中，用数据流图对功能建模。自顶向下的分层数据流图体现了对软件功能逐步求精的过程。其中，顶层数据流图只有一个加工，即要开发的软件系统。在数据流图中，每个数据存储应该有加工对其进行读操作和写操作，每个加工应该有输入数据流和输出数据流，而且同一个加工的输入数据流和输出数据流不能同名。在用数据字典对数据流进行说明时，不说明外部实体。

(33)(34) **参考答案：D　A**

试题解析　本题考查软件项目管理的基础知识。根据题干中的图计算出关键路径为 A-B-C-E-F-I-K-L，其长度为 24，关键路径上的活动均为关键活动。活动 BD 不在关键路径上，包含该活动的最长路径为 A-B-D-G-I-K-L，其长度为 22，因此松弛时间为 2。

(35) **参考答案：D**

试题解析　本题考查软件开发过程模型的基础知识。瀑布模型将开发阶段描述为从一个阶段瀑布般地转换到另一个阶段的过程。原型模型中，开发人员快速地构造整个系统或者系统的一部分以理解或澄清问题。螺旋模型将开发活动和风险管理结合起来，以减小风险。喷泉模型开发过程模型以用户需求为动力，以对象为驱动，适合于面向对象的开发方法。

(36) **参考答案：B**

试题解析　本题考查敏捷开发过程的基础知识。存在很多敏捷过程的典型方法，每一种方法都基于一套原则，这些原则实现了敏捷宣言。其中极限编程 XP 是敏捷方法中最普遍的一种，由价值观、原则、实践和行为 4 个部分组成，有 4 个价值观，即沟通、简单性、反馈和勇气，有 5 大原则，即快速反馈、简单性假设、逐步修改、提倡更改和优质工作。而每一个不同的项目都需要一套不同的策略、约定和方法论则是水晶法的原则。

(37) **参考答案：C**

试题解析　本题考查软件体系结构的基础知识。要求考生了解典型的软件体系结构。选项A、B项和D项都是分层体系结构的特点，也是明显的优点，但如何将需求定义到不同的层上则是不容易的。

(38)(39) **参考答案：A　A**

试题解析　本题考查软件设计的基础知识。模块独立性是创建良好设计的一个重要原则，一般叙述是错误的。

（57）**参考答案**：C

试题解析 本题考查黑盒测试方法中的等价类划分法。在等价类划分法中，如果输入条件规定了输入值的集合或规定了"必须如何"的条件，则可以确定一个有效等价类和一个无效等价类（该集合有效值之外）；如果规定了一组输入数据（假设包括 n 个输入值），并且程序要对每一个输入值分别进行处理的情况下，可确定 n 个有效等价类（每个值确定一个有效等价类）和一个无效等价类（所有不允许的输入值的集合）；如果规定了输入数据取值范围或值的个数，可以确定一个有效等价类和两个无效等价类；如果规定了输入数据必须遵守的规则或限制条件的情况下，可确定一个有效等价类（符合规则）和若干个无效等价类（从不同角度违反规则）。

本题中，选项 C 属于规定了输入数据的取值范围，因此应该得到一个有效等价类 {int2|-10<=int2<=9} 和两个无效等价类 {int2|int2<-10}、{int2|int2>9}。

（58）**参考答案**：B

试题解析 本题考查白盒测试的逻辑覆盖法。根据逻辑覆盖法定义，语句覆盖针对的是语句，是最弱的覆盖准则；判定覆盖和条件覆盖分别针对判定和条件，强度次之，满足判定覆盖或者条件覆盖一定满足语句覆盖；判定条件覆盖要同时考虑判定和判定中的条件，满足判定条件覆盖同时满足了判定覆盖和条件覆盖；条件组合覆盖则要考虑同一判定中各条件之间的组合关系，是最强的覆盖准则，满足条件组合覆盖一定同时满足判定条件覆盖、判定覆盖、条件覆盖和语句覆盖。

判定覆盖和条件覆盖之间没有谁强谁弱的关系，满足条件覆盖不一定满足判定覆盖。

（59）**参考答案**：C

试题解析 本题考查白盒测试中逻辑覆盖法的条件组合覆盖。条件组合覆盖的含义是选择足够的测试用例，使得每个判定中条件的各种可能组合都至少出现一次。本题中有 a、b&c、c、d 四个条件，组合之后需要的用例数是 16，因此选项 C 正确。

（60）**参考答案**：B

试题解析 本题考查负载测试、压力测试、疲劳强度测试、大数据量测试的基本知识。负载测试是通过逐步增加系统负载，测试系统性能的变化，并最终确定在满足性能指标的情况下，系统所能承受的最大负载量的情况。压力测试是通过逐步增加系统负载，测试系统性能的变化，并最终确定在什么负载条件下系统性能处于失效状态，并以此来获得系统能提供的最大服务级别的测试。疲劳强度测试是采用系统稳定运行情况下能够支持的最大并发用户数，或者日常运行用户数，持续执行一段时间业务，保证达到系统疲劳强度需求的业务量，通过综合分析交易执行指标和资源监控指标，来确定系统处理最大工作量强度性能的过程。大数据量测试包括独立的数据量测试和综合数据量测试，独立数据量测试是指针对系统存储、传输、统计、查询等业务进行的大数据量测试；综合数据量测试是指和压力测试、负载测试、疲劳强度测试相结合的综合测试。本题的目标是检测系统在什么情况下崩溃，需要进行压力测试，应选择选项 B。

（61）**参考答案**：A

试题解析 本题考查兼容性测试的基本知识。兼容性测试是测试被测软件在特定的硬件平台上，不同的应用软件之间，不同的操作系统平台上，在不同的网络等环境中能否正常运行。兼容性测试的目的包括被测软件在不同的操作系统平台上正常运行，包括能在同一操作系统平台的不同版本上正常运行；被测软件能与相关的其他软件或系统"和平共处"，能方便地共享数据；被测软件能在指定的硬件环境中正常运行；被测软件能在不同的网络环境中正常运行。根据上述描述，应选择选项 A。

（62）**参考答案**：D

试题解析 本题考查测试停止准则。常见的测试停止准则包括测试超过了预定时间；执行了所有的测试用例，没有发现新的故障；采用特定的测试用例设计方案；查出某一预定数目的故障；单位时间内查出故障的数量少于预定值。测试人员或者其他资源不足属于项目管理的问题，不能作为测试结束标准，因此应选择选项 D。

（63）**参考答案**：A

● 试题解析　本题考查静态测试的基本概念。根据定义，静态测试是指不需要实际运行被测软件而进行的测试。根据上述描述，判定覆盖、语句覆盖和路径覆盖都需要执行被测软件，只有代码审查通过阅读代码即可实现，不需要实际执行程序，因此应选择选项A。

（64）**参考答案**：B

● 试题解析　本题考查单元测试的基本概念。单元测试是对软件中可测试的最小单元——模块进行检查和验证，其测试内容包括模块接口、局部数据结构、模块内路径、边界条件和错误处理。单个模块无法反映出整个系统的性能，因此系统性能不属于单元测试的测试内容，应选择选项B。

（65）**参考答案**：D

● 试题解析　本题考查Web测试的基本概念。Web信息系统也是软件，因此需要进行功能测试、性能测试和可用性测试；Web系统客户端运行在浏览器上，操作系统和浏览器的差异会引起兼容性问题，需要进行客户端兼容性测试；此外，Web系统运行在互联网上容易遭受攻击，需要进行安全测试。

（66）**参考答案**：C

● 试题解析　本题考查网络测试的基本概念。网络测试是指针对软件运行的底层网络环境进行的测试，常见的测试指标包括网络可用性、网络带宽、吞吐量、延时、丢包率等。并发用户数是一个整体的性能指标，它与软件、平台、硬件配置、网络环境都相关，不属于网络测试的指标。

（67）**参考答案**：C

● 试题解析　本题考查用户认证机制的安全防范措施。基于用户名/口令的用户认证机制是最基本的认证机制，相应增强系统安全性的防范措施包括设置口令时效、增加口令复杂度、口令加密存储、口令锁定、保证用户名称的唯一性等，题目候选项中，候选答案A、B及D属于典型的安全防范措施，而候选答案C的方法则会降低口令的复杂度，从而使得系统更易受到口令猜测攻击，不属于增强系统安全性所应采取的措施。

（68）**参考答案**：B

● 试题解析　本题考查防病毒系统安全测试的基本测试点。对于防病毒系统的测试是系统安全测试的重要内容，其测试的基本测试点包括能否支持多种平台的病毒防范、能否支持对服务器的病毒防治、能否支持对电子邮件附件的病毒防治、能否提供对病毒特征库与检测引擎的定期在线更新服务、防病毒范围是否广泛等，而基于病毒特征库对已知病毒进行查杀是防病毒系统准确查杀病毒的主要手段。综上不难看出，候选答案B不是防病毒系统安全测试的基本测试点。

（69）**参考答案**：A

● 试题解析　本题考查公钥加密的基础知识。与对称加密使用同一密钥对数据进行加密与解密不同，公钥加密采用两个独立的密钥对数据分别进行加密与解密，且加密过程是基于数学函数的。公钥加密较好地解决了加密机制中密钥的发布和管理问题，从而带来了加密领域的革命性进步。综上不难看出，应选择候选答案A。

（70）**参考答案**：B

● 试题解析　集线器是物理层设备，相当于在10BASE2局域网中把连接工作站的同轴电缆收拢在一个盒子里，这个盒子只起到接收和发送的功能，可以检测发送冲突，但不能识别数据链路层的帧。网桥是数据链路层设备，它可以识别数据链路层MAC地址，有选择地把帧发送到输出端口，网桥也可以有多个端口，如果网桥端口很多，并配置了加快转发的硬件，这就成了局域网交换机了。

（71）（72）（73）（74）（75）**参考答案**：D A B C A

● 试题解析　在这个世界上，似乎我们有太多的事情要去做，有太多的事情要去思考，那么需要做的最后一件事就是必须学习新事物。

而用例恰恰可以解决带有需求的问题：如果具有严格声明的需求，则很难描述事件的步骤和序列。

简单地说，用例可以将事件序列的说明放在一起，引导系统完成有用的任务。正如听起来一样简单，这很重要。在面对很多需求的时候，通常不太可能理解需求的作者真正想要系统做什么。在前面的例子中，通过指定特定行为发生的时间和条件，用例减少了需求的不确定性。这样的话，行为的顺序就可以当作是一种需求。用例特别适用于捕捉这类需求。尽管听起来可能很简单，但事实情况是由于常规的需

全国计算机技术与软件专业技术资格考试
2015 年下半年 软件评测师 下午试卷解析

试题一

【参考答案】
【问题 1】
　　基本路径测试法是在程序控制流图的基础上，通过分析控制构造的环路复杂性，导出基本可执行路径集合，从而设计测试用例的方法。

【问题 2】
控制流图如下。

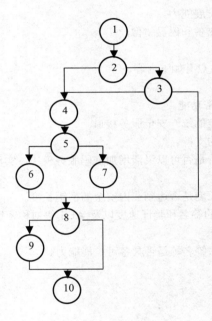

环路复杂度 V(G)=5。

【问题 3】
线性无关路径：
　（1）1、2、4、5、6、8、9、10。
　（2）1、2、4、5、7、8、9、10(1、2、4、5、7、8、10)。
　（3）1、2、4、5、6、8、10(1、2、4、5、7、8、10)。
　（4）1、2、3、4、5、6、8、9、10(1、2、3、4、5、7、8、9、10、1、2、3、4、5、6、8、10、1、2、3、4、5、7、8、10)。
　（5）1、2、3、8、9、10(1、2、3、8、10)。

试题二

【参考答案】
【问题 1】

【问题3】

密钥管理功能的基本测试点有如下内容。

（1）功能测试。

1）系统是否具备密钥生成、密钥发送、密钥存储、密钥查询、密钥撤销、密钥恢复等基本功能。

2）密钥库管理功能是否完善。

3）密钥管理中心的系统、设备、数据、人员等安全管理是否严密。

4）密钥管理中心的审计、认证、恢复、统计等系统管理是否具备。

5）密钥管理系统与证书认证系统之间是否采用基于身份认证的安全通信协议。

（2）性能测试。

1）检查证书服务器的处理性能是否具备可伸缩配置及扩展能力，利用并发压力测试工具测试受理点连接数、签发在用证书数目、密钥发放并发请求数是否满足业务需求。

2）测试是否具备系统所需最大量的密钥生成、存储传送、发布、归档等密钥管理功能。

3）是否支持密钥用户要求年限的保存期。

4）是否具备异地容灾备份。

5）是否具备可伸缩配置及扩展能力。

6）关键部分是否采用双机热备和磁盘镜像。

【问题4】

加/解密服务功能的基本测试点有如下内容。

（1）功能测试。

1）系统是否具备基础加/解密功能。

2）能否为应用提供相对稳定的统一安全服务接口。

3）能否提供对多密码算法的支持。

4）随着业务量的逐渐增加，是否可以灵活增加密码服务模块，实现性能平滑扩展。

（2）性能测试。

1）各加密算法使用的密钥长度是否达到业内安全的密钥长度。

2）RSA、ECC 等公钥算法的签名和验证速度以及 AES 等对称密钥算法的加/解密速度是否满足业务要求。

3）处理性能如公钥密码算法签名等是否具备可扩展能力。

试题四

【参考答案】
【问题1】
扇出数：1
注释率：28.6%（4/14）
嵌入式软件一般要求扇出数不大于7和注释率不小于20%，所以此函数扇出数和注释率均符合要求。

【问题2】

序号	错误所在行号	问题描述	
1	第1行	函数返回值类型错误，应为int型	
2	第4行	变量counter未初始化导致函数返回结果可能出错，应初始化为0	
3	第5行	使用">"导致函数组越界，改为">="	只能修改第5行或第8行中一处
	第8行	使用"<="导致函数组越界，改为"<"	只能修改第5行或第8行中一处
4	第10行	判断条件错误，应将两处">"都更改为">="	

【问题3】

覆盖率类型	所需的最少用例数
100%语句覆盖	2
100%分支覆盖	2
100%MC/DC覆盖	4

试题五

【参考答案】
【问题1】
该平台需应对的常见安全攻击手段应包括：
（1）网络侦听：指在数据通信或数据交互的过程中，攻击者对数据进行截取分析，从而实现对包括用户支付账号及口令数据的非授权获取和使用。
（2）冒充攻击：攻击者采用口令猜测、消息重演与篡改等方式，伪装成另一个实体，欺骗安全中心的认证及授权服务，从而登录系统，获取对系统的非授权访问。
（3）拒绝服务攻击：攻击者通过对网络协议的实现缺陷进行故意攻击，或通过野蛮手段耗尽被攻击对象的资源，使电子商务平台中包括安全中心在内的关键服务停止响应甚至崩溃，从而使系统无法提供正常的服务或资源访问。
（4）Web安全攻击：攻击者通过跨站脚本或SQL注入等攻击手段，在电子商务平台系统网页中植入恶意代码或在表单中提交恶意SQL命令，从而旁路系统正常访问控制或恶意盗取用户信息。

【问题2】
可采用的基本安全性测试方法包括：
（1）功能验证：采用软件测试中的黑盒测试方法，对安全中心提供的密钥管理、加解密服务、认证服务以及授权服务进行功能测试，验证所提供的相应功能是否有效。
（2）漏洞扫描：借助于特定的漏洞扫描工具，对安全中心本地主机、网络及相应功能模块进行扫描，发现系统中存在的安全性弱点及安全漏洞，从而在安全漏洞造成严重危害之前，发现并加以防范。
（3）模拟攻击试验：模拟攻击试验是一组特殊的黑盒测试案例，通过模拟典型的安全攻击来验证安全中心的安全防护能力。
（4）侦听测试：通过典型的网络数据包获取技术，在系统数据通信或数据交互的过程中，对数据进行截取分析，从而发现系统在防止敏感数据被窃取方面的安全防护能力。

序号	输入（商品价格P）	输出（找零钱的组合）
1	20（P=20）	N/A
2	18（任意 15<P<20）	<<N1,2>>
3	15（P=15）	<<N5,1>>
4	13（任意 10<P<15）	<<N5,1>,<N1,2>>
5	10（P=10）	<<N10,1>>
6	8（任意 5<P<10）	<<N10,1>,<N1,2>>
7	5（P=5）	<<N10,1>,<N5,1>>
8	3（任意 0<P<5）	<<N10,1>,<N5,1>,<N1,2>>
9	-10（任意 P<1）	N/A
10	30（任意 P>20）	N/A

【问题2】
测试用例：0、1、4、5、6、9、10、11、14、15、16、19、20、21

【问题3】
（1）确定规则的个数：假如有 n 个条件，每个条件有两个取值（0、1），则有 2 的 n 次方种规则。
（2）列出所有的条件桩和动作桩。
（3）填入条件项。
（4）填入动作项：制定初始判定表。
（5）简化：合并相似规则（相同动作）。

试题三

【参考答案】
【问题1】
需要测试内部链接测试、外部链接测试、邮件链接测试、断链测试。

【问题2】

平台 \ 浏览器	IE(7，8，9，10)	Firefox 12	Google Chrome	Android browser	Safari	……
Windows XP						
Windows（7，8，10）						
Linux						
IOS						
Android						
……						

【问题3】
通信吞吐量 P=N(并发用户的数量=300)×T(每单位时间的在线事务数量=16)×D(事务服务器每次处理的数据负载=16KB/s)。
本系统满足条件（1）时的通信吞吐量为 300×16×16=76800KB/s（75MB/s）。

【问题4】
（1）打分为任何在 1～5 范围内的数字，评价为任意文本。
（2）打分为任何在 1～5 范围外的数字，评价为任意文本。
（3）打分和评价其中任一字段包含 HTML 标签，如：<HTML>、<SCRIPT>等。
（4）打分和评价其中任一字段包含 SQL 功能符号，如包含 OR'1'='1'等。

求捕捉方法所侧重的是声明需求和"应该怎么样"的陈述，因此完全无法捕捉系统行为的动态方面。用例是一种简单而有效的表达系统行为的方式，使用这种方式所有参与者都很容易理解。

但是与任何事物一样，用例也存在自己的问题——在用例非常有用的同时，人们也可能误用它，结果就产生了比原来更为糟糕的问题。因此重点在于：如何有效地使用用例，而又不会产生出比原来更严重的问题。

化和管理需求变化而进行的修改；③完善性维护是指为扩充功能和改善性能而进行的修改，主要是指对已有的软件系统增加一些在系统分析和设计阶段中没有规定的功能与性能特征；④预防性维护是指为了改进应用软件的可靠性和可维护性，为了适应未来的软硬件环境的变化，主动增加预防性的新功能，以使应用系统适应各类变化而不被淘汰。

根据题干和4种维护类型的定义，很容易判断该处理属于完善性维护。

(50) **参考答案**：B

🖋**试题解析** 本题考查软件测试的对象。根据软件的定义，软件包括程序、数据和文档。所以软件测试并不仅仅是程序测试，还应包括相应文档和数据的测试。本题中①②③⑤都属于文档，而⑥不属于程序、文档、数据中任一种。

(51) **参考答案**：C

🖋**试题解析** 本题考查系统测试的概念。根据软件测试策略和过程，软件测试可以划分为单元测试、集成测试、系统测试、确认测试、验收测试等阶段。其中，系统测试是将经过集成测试的软件，作为计算机系统的一个部分，与系统中其他部分结合起来，在实际运行环境下对计算机系统进行一系列严格有效地测试，以发现软件潜在的问题，保证系统的正常运行，安全性测试、可靠性测试都属于系统测试的范畴。本题中只有选项C符合上述描述。

(52) **参考答案**：A

🖋**试题解析** 本题考查软件测试的原则。软件测试应遵循的原则包括测试贯穿于全部软件生命周期；应当把"尽早和不断地测试"作为开发者的座右铭；程序员应该避免检查自己的程序，测试工作应该由独立的专业的软件测试机构来完成；设计测试用例时，应该考虑到合法的输入和不合法的输入，以及各种边界条件；测试用例本身也应该经过测试；设计好测试用例后还需要逐步完善和修订；一定要注意测试中的错误集中发生现象，应对错误群集的程序段进行重点测试；对测试错误结果一定要有一个确认的过程；制定严格的测试计划，并把测试时间安排得尽量宽松，不要希望在极短的时间内完成一个高水平的测试；回归测试的关联性一定要引起充分的注意，修改一个错误而引起更多错误出现的现象并不少见；妥善保存一切测试过程文档；穷举测试是不能实现的。

根据上述描述，测试贯穿于全部软件生命周期，而不仅仅是实现之后的一个阶段。

(53) **参考答案**：D

🖋**试题解析** 本题考查Bug记录的基本知识。根据定义，一条完整的Bug记录应包括编号、详细描述、级别、所属模块、状态、发现人等信息。根据上述描述，应选择选项D。

(54) **参考答案**：D

🖋**试题解析** 本题考查使用测试工具的目的。软件测试工具是通过一些自动化的手段将问题更容易更快速地暴露出来，这样能使测试人员更好地找出软件错误的所在，因此其主要作用就是帮助寻找问题、协助诊断以节省测试时间、提高测试效率。软件测试工具本身不具备智能，无法替代人工测试。

(55) **参考答案**：A

🖋**试题解析** 本题考查验收测试的基本概念。验收测试主要是确认软件的功能、性能及其他特性是否满足软件需求规格说明书中列出的需求，是否符合软件开发商与用户签订的合同的要求。验收测试由用户主导，开发方参与。软件验收测试尽可能在现场进行实际运行测试，如果受条件限制，也可以在模拟环境中进行测试，无论何种测试方式，都必须事先明确验收方法、制定测试计划规定要做的测试种类，并制定相应的测试步骤和具体的测试用例。测试完成后要明确给出验收通过或者不通过的结论。根据上述描述，应选择选项A。

(56) **参考答案**：D

🖋**试题解析** 本题考查黑盒测试中测试方法的选择。常见的黑盒测试方法包括等价类划分法、边界值分析法、因果图法、决策表法以及错误推测法等。开发中最容易在边界取值上犯错，因此任何情况下都要采用边界值分析法进行测试，必要的时候采用等价类划分法补充用例，可以根据经验用错误推测法追加一些用例，如果输入条件之间存在组合，则应该采用因果图法。根据上述描述，选项D的采用模块间的耦合和模块的内聚两个准则来进行度量。耦合程度越低，内聚程度越高，则模块的独立性越好。

数据耦合、标记耦合和控制耦合是3种较容易混淆的耦合类型，其中数据耦合指两个模块之间通过数据参数，不包括控制参数、公共数据结构或外部变量，来交换输入和输出信息，是3类耦合类型中最低的；标记耦合模块之间通过参数表传递记录信息；控制耦合是一个模块通过传递控制信息控制另一个模块。

内容耦合是耦合程度最高的，主要表现在模块 M2 直接访问模块 M1 内部；模块 M1 和模块 M2 有公共的数据结构或者模块 M1 和模块 M2 有部分代码是重叠的。

（40）（41）**参考答案**：A B

试题解析 本题考查数据结构的基础知识。在进行软件开发的详细设计阶段，数据结构设计是重要的内容，考生应该了解常用的数据结构。堆是一个应用非常广泛的数据结构，根据题干给出的说明可知，A 是一个大顶堆，用二叉树表示如下。该二叉树高度为3。

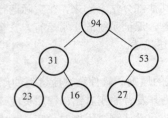

（42）**参考答案**：D

试题解析 本题考查软件质量的基础知识。ISO/IEC 软件质量模型由3个层次组成：第一层是质量特性；第二层是质量子特性；第三层是度量指标。功能性是与一组功能及其指定的性质的存在有关的一组属性，其子特性包括适应性、准确性、互用性、依从性和安全性。

（43）**参考答案**：D

试题解析 本题考查软件质量的基础知识。程序质量评审通常是从开发者的角度进行评审，与开发技术直接相关。着眼于软件本身的结构、与运行环境的接口以及变更带来的影响而进行的评审活动。

（44）（45）（46）（47）**参考答案**：D C A A

试题解析 考生应该了解 UML 的典型模型，包括用例图、类图、序列图、活动图等。本题考查类图，类图主要是对系统的词汇建模，或者对简单的协作建模，或者对逻辑数据库模式建模，而用例图对系统的需求建模。

类图中，类和类之间的关系有依赖关系、关联关系、聚集关系、组合关系和泛化关系，其中聚集关系和组合关系是表示更强的关联关系，表示整体和部分的关系，而组合关系的类之间具有相同的生命周期。图中类 University 和类 School 之间是聚集关系，类 Person 和类 PersonRecord 之间是依赖关系，表示 Person 与 PersonRecord 之间的语义关系，其中 PersonRecord 发生变化会影响 Person 的语义。

（48）**参考答案**：B

试题解析 本题考查软件质量的基础知识。软件复杂性是度量软件的一种重要指标，其参数主要包括规模、难度、结构、智能度等。

1）规模即总指令数，或源程序行数。
2）难度通常由程序中出现的操作数数目所决定的量表示。
3）结构通常用与程序结构有关的度量来表示。
4）智能度即算法的难易程度。

（49）**参考答案**：C

试题解析 本题考查软件维护的基础知识。软件维护一般包括 4 种类型：①更正性维护是指改正在系统开发阶段已发生而系统测试阶段尚未发现的错误；②适应性维护是指使应用软件适应新技术变色位，可表示 2^8=256 种不同的颜色或灰度等级。表示一个像素颜色的位数越多，它能表达的颜色数或灰度等级就越多，其深度越深。

图像深度是指存储每个像素（颜色或灰度）所用的位数（bit），它也是用来度量图像的分辨率的。像素深度确定彩色图像的每个像素可能有的颜色数，或者确定灰度图像的每个像素可能有的灰度级数。如一幅图像的图像深度为 b 位，则该图像的最多颜色数或灰度级为 2 的 b 次方种。显然，表示一个像素颜色的位数越多，它能表达的颜色数或灰度级就越多。例如，只有 1 个分量的单色图像（黑白图像），若每个像素有 8 位，则最大灰度数目为 28=256；一幅彩色图像的每个像素用 R、G、B 三个分量表示，若 3 个分量的像素位数分别为 4、4、2,则最大颜色数目为 24+4+2=210=1024,就是说像素的深度为 10 位，每个像素可以是 2^{10} 种颜色中的一种。本题给出 8 位的颜色深度，则表示该图像具有 2^8=256 种不同的颜色或灰度等级。

（13）**参考答案**：B

试题解析 饱和度是指颜色的纯度，即颜色的深浅，或者说掺入白光的程度，对于同一色调的彩色光，饱和度越深颜色越纯。当红色加入白光之后冲淡为粉红色，其基本色调仍然是红色，但饱和度降低了。也就是说，饱和度与亮度有关，若在饱和的彩色光中增加白光的成分，即增加了光能，而变得更亮了，但是其饱和度却降低了。对于同一色调的彩色光，饱和度越高，颜色越纯。如果在某色调的彩色光中，掺入其他彩色光，将引起色调的变化，而改变白光的成分只引起饱和度的变化。高饱和度的彩色光可掺入白色光被冲淡，降为低饱和度的淡色光。例如，一束高饱和度的蓝色光投射到屏幕上会被看成深蓝色光，若再将一束白色光也投射到屏幕上并与深蓝色重叠，则深蓝色变成淡蓝色，而且投射的白色光越强，颜色越淡，即饱和度越低。相反，由于在彩色电视的屏幕上的亮度过高，则饱和度降低，颜色被冲淡，这时可以降低亮度（白光）而使饱和度增大，颜色加深。

当彩色的饱和度降低时，其固有色彩特性也被降低和发生变化。例如，红色与绿色配置在一起，往往具有一种对比效果，但只有当红色与绿色都呈现饱和状态时，其对比效果才比较强烈。如果红色与绿色的饱和度都降低，红色变成浅红或暗红，绿色变成浅绿或深绿，再把它们配置在一起时相互的对比特征就会减弱，而趋于和谐。另外，饱和度高的色彩容易让人感到单调刺眼。饱和度低，色感比较柔和、协调，但混色太杂又容易让人感觉浑浊，色调显得灰暗。

（14）**参考答案**：A

试题解析 本题考查网络攻击的基础知识。网络攻击有主动攻击和被动攻击两类。其中主动攻击是指通过一系列的方法，主动地向被攻击对象实施破坏的一种攻击方式，例如重放攻击、IP 地址欺骗、拒绝服务攻击等均属于攻击者主动向攻击对象发起破坏性攻击的方式。流量分析攻击是通过持续检测现有网络中的流量变化或者变化趋势，而得到相应信息的一种被动攻击方式。

（15）**参考答案**：B

试题解析 本题考查防火墙基础知识。防火墙是一种放置在网络边界上，用于保护内部网络安全的网络设备。它通过对流经的数据流进行分析和检查，可实现对数据包的过滤、保存用户访问网络的记录和服务器代理功能。防火墙不具备检查病毒的功能。

（16）**参考答案**：C

试题解析 本题考查网管命令 netstat-n 的含义。从 netstat-n 的输出信息中可以看出，本地主机 192.168.0.200 使用的端口号 2011、2038、2052 都不是公共端口号。根据状态提示信息，其中已经与主机 128.105.129.30 建立了连接，与主机 100.29.200.110 正在等待建立连接，与主机 202.100.112.11 已经建立了安全连接。

（17）**参考答案**：B

试题解析 本题考查数据库的基本概念。数据库通常采用三级模式结构，其中，视图对应外模式、基本表对应模式、存储文件对应内模式。

（18）**参考答案**：C

试题解析 本题考查对数据库应用系统设计中逻辑结构设计的掌握。在数据库设计中，将 E-R 图转换为关系模式是逻辑设计的主要内容。转换中将实体转换为关系模式，对实体中的派生属性不予考

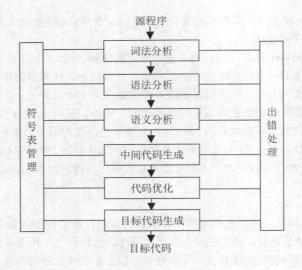

（7）参考答案：A

🖋试题解析　本题考查程序语言基础知识。后缀式（逆波兰式）是波兰逻辑学家卢卡西维奇发明的一种表示表达式的方法。这种表示方法把运算符写在运算对象的后面，例如，把 a+b 写成 ab+，所以也称为后缀式。

借助栈可以方便地对后缀式进行求值。方法为：先创建一个初始为空的栈，用来存放运算数。对后缀表达式求值时，从左至右扫描表达式，若遇到运算数，就将其入栈，若遇到运算符，就从栈顶弹出需要的运算数并进行运算，然后将结果压入栈顶，如此重复，直到表达式结束。若表达式无错误，则最后的运算结果就存放在栈顶并且是栈中唯一的元素。

（8）（9）参考答案：C　D

🖋试题解析　因为信号量 S1 是一个互斥信号量，表示半成品箱 B1 当前有无工人（生产者）使用，所以初值为 1。信号量 S5 也是一个互斥信号量，表示成品箱 B2 当前有无工人或检验员使用，所以初值为 1。

信号量 S2 表示半成品箱 B1 的容量，故 S2 的初值为 n。当工人 P1 不断地将其工序上加工的半成品放入半成品箱 B1 时，应该先测试半成品箱是否有空位，故工人 P1 使用 P(S2)，当工人 P2 从半成品箱取一件半成品时，半成品箱 B1 就空出一个空位，故工人 P2 使用 V(S2) 释放空间。

同理，信号量 S4 表示成品箱 B2 的容量，故 S4 的初值为 m。当工人 P2 完成一件产品放入成品箱 B2 时，应该先测试成品箱是否有空位，故工人 P2 使用 P(S4)，当检验员 P3 从成品箱取一件产品检验时，成品箱 B2 就空出一个空位，故检验员 P3 使用 V(S4) 释放空间。

（10）参考答案：C

🖋试题解析　因为在同一进程中的各个线程都可以共享该进程所拥有的资源，如访问进程地址空间中的每一个虚地址，访问进程所拥有的已打开文件、定时器、信号量机构等，但是不能共享进程中某线程的栈指针。

（11）参考答案：A

🖋试题解析　王某的行为侵犯了公司的软件著作权。因为王某作为公司的职员，完成的某一综合信息管理系统软件是针对其本职工作中明确指定的开发目标而开发的软件。该软件应为职务作品，并属于特殊职务作品。公司对该软件享有除署名权外的软件著作权的其他权利，而王某只享有署名权。王某持有该软件源程序不归还公司的行为，妨碍了公司正常行使软件著作权，构成对公司软件著作权的侵犯，应停止侵权承担法律责任，交还软件源程序。

（12）参考答案：C

🖋试题解析　颜色深度是表达图像中单个像素的颜色或灰度所占的位数（bit），它决定了彩色图像中可出现的最多颜色数，或者灰度图像中的最大灰度等级数。8 位的颜色深度，表示每个像素有 8 位颜

问题 2		
问题 3		
问题 4		
评阅人	校阅人	小计

试 题 四 解 答 栏	得 分
问题 1	
问题 2	

问题 3		
评阅人		校阅人		小 计	

试 题 二 解 答 栏	得 分
问题 1	
问题 2	
问题 3	

| 评阅人 | | 校阅人 | | 小 计 | |

试 题 三 解 答 栏	得 分
问题 1	

续表

序号	输入（商品价格 P）	输出（找零钱的组合）
6		
7		
8		
9		
10		

【问题2】（6分）

请采用边界值分析法为该软件设计测试用例。

【问题3】（6分）

请给出采用决策表法进行测试用例设计的主要步骤。

试题三（20分）

阅读下列说明，回答问题1至问题4，将解答填入答题纸的对应栏内。

【说明】某 MOOC（慕课）教育平台欲开发一个基于 Web 的在线作业批改系统，以实现高效的作业提交与批改并进行统计。系统页面中涉及内部的内容链接、外部参考链接以及邮件链接等。页面中采用表单实现作业题目的打分和评价，其中打分为1~5分制整数，评价为文本。系统要支持：

（1）在特定时期内 300 个用户并发时，主要功能的处理能力至少要达到每秒 16 个请求，平均每个请求的数据量为 16KB。

（2）系统前端采用 HTML 5 实现，以使用户可以通过不同的移动设备的浏览器进行访问。

【问题1】（4分）

针对此在线系统进行链接测试时，需要测试哪些方面？

【问题2】（5分）

为了达到系统要支持的（2），设计一个兼容性测试矩阵。

【问题3】（5分）

给出计算系统的通信吞吐量的方法，并计算在满足系统要支持的（1）时系统的通信吞吐量。

【问题4】（6分）

设计 4 个打分和评价的测试输入，考虑多个方面的测试，如正确输入、错误输入、XSS、SQL 注入等测试。

试题四（20分）

阅读下列说明，回答问题1至问题3，将解答填入答题纸的对应栏内。

【说明】某嵌入系统中，存在 16 路数据采集通道，为了提高数据采集的可靠性，对 16 路采集通道均采用双余度设计；为了监控采集通道是否发生故障，对各路双余度通道采集值进行了比较。只有当通道两个度设备采集值不小于 45 时，才表示该路通道正常。设计人员设计函数 num_of_passer 用于统计无故障通道数目，在该函数的设计中考虑了如下因素：

（1）采用如下数据库结构存储通道号及采集值：

```
struct Value
{   unsigned int     No;       //通道号，1 到 16
    unsigned short   Value1    //余度 1 采集值
    unsigned short   Value2    //余度 2 采集值
}
```

（2）当输入参数异常时，函数返回-1。

（3）若正确统计了无故障通道数目，则返回该数目。

（4）该函数需要两个输入参数，第一个参数是用于存储通道号及余度采集值的数组，第二个参数为通道总数目。

（5）调用函数 sort()对存储通道号及余度采集值的数组进行排序处理。

开发人员根据上述要求使用 ANSI C 对代码实现如下（代码中每行第一个数字代表行号）：

```
1  unsigned int num_of_passer(struct Value array[],unsigned int num)
2  {
```

试题一 （15分）

阅读下列 Java 程序，回答问题 1 至问题 3，将解答填入答题纸的对应栏内。

【Java 程序】

```
public int addAppTask (Activity activity, Intent intent,
        TaskDescription description,Bitmap thumbanil) {
    Point size =getSize();                                               //1
    final int tw = thumbnail.getWidth();
    final int th = thumbnail.getHeighr();
    if (tw! = size.x || th != size.y) {                                  //2,3
        Bitmap bm = Bitmap.createBitmap(size.x, size.y, thumbnail.getConfig());  //4
        float scale;
        float dx = 0, dy = 0;
        if(tw*size.x > size.y*th){                                       //5
            scale = (float) size.x / (float) th;                         //6
            dx = (size.y -tw*scale)*p.5f;
        }else{                                                           //7
            scale = (float) size.y / (float) tw;
            dy = (size.x - th*scale )*0.5f;
        }
        Matrix matrix = new Matrix();
        matrix.setScale(scale,scale);
        matrix.postTranslate((int) (dx + 0.5f),0);
        Canvas canvas = new Canvas(bm);
        canvas.drawBitmap(thumbnail, matrix, null);
        canvas.setBitmap(null);
        thumbnail = bm;
    }
    if (description == null){                                            //8
        description = new TaskDescription();                             //9
    }
}                                                                        //10
```

【问题1】（2分）

请简述基本路径测试法的概念。

【问题2】（8分）

请画出上述程序的控制流图，并计算其控制流图的环图复杂度 V(G)。

【问题3】（5分）

请给出[问题2]中的控制流图的线性无关路径。

试题二 （20分）

阅读下列说明，回答问题 1 至问题 3，将解答填入答题纸的对应栏内。

【说明】 某商店的货品价格（P）都不大于 20 元（且为整数），假设顾客每次付款为 20 元且每次限购一件商品，现有一个软件能在每位顾客购物后给出找零钱的最佳组合（找给顾客货币张数最少）。假定此商店的找零货币面值只包括：10 元（N10）、5 元（N5）、1 元（N1）3 种。

【问题1】（8分）

请采用等价类划分法为该软件设计测试用例（不考虑 P 为非整数的情况）并填入下表中（<<N1,2>> 表示 2 张 1 元，若无输出或输出非法，则填入 N/A）。

序号	输入（商品价格P）	输出（找零钱的组合）
1	20 (P=20)	N/A
2	18（任意 15<P<20）	<<N1,2>>
3		
4		
5		

{int1|int1=1}、{int1|int1=-1}，无效等价类{int1|int1≠1 并且 int1≠-1}

C．如果规定输入值 int2 取值范围为-10～9，那么得到两个等价类，即有效等价类{int2|-10<=int2<=9}，无效等价类{int2|int2<-10 或者 int2>9}

D．如果规定输入值 int3 为质数，那么得到两个等价类，即有效等价类{int3|int3 是质数}，无效等价类{int3|int3 不是质数}

- 以下关于白盒测试的叙述中，不正确的是　(58)　。
  (58) A．满足判定覆盖一定满足语句覆盖　　B．满足条件覆盖一定满足判定覆盖
  　　 C．满足判定条件覆盖一定满足条件覆盖　D．满足条件组合覆盖一定满足判定条件覆盖

- 对于逻辑表达式((a||(b&c))||(c&&d))，需要　(59)　个测试用例才能完成条件组合覆盖。
  (59) A．4　　　　B．8　　　　C．16　　　　D．32

- 为了解系统在何种服务级别下会崩溃，应进行　(60)　。
  (60) A．负载测试　B．压力测试　C．大数据量测试　D．疲劳强度测试

- 兼容性测试的测试范围包括　(61)　。
  ①硬件兼容性测试　②软件兼容性测试　③数据兼容性测试　④平台兼容性测试
  (61) A．①②③④　B．①②③　C．①②　D．①

- 以下不能作为测试结束标准的是　(62)　。
  (62) A．测试超过了预定时间
  　　 B．执行完了所有测试用例但没有发现新的故障
  　　 C．单位时间内查出的故障数目低于预定值
  　　 D．测试人员或者其他资源不足

- 以下属于静态测试方法的是　(63)　。
  (63) A．代码审查　B．判定覆盖　C．路径覆盖　D．语句覆盖

- 单元测试的测试内容包括　(64)　。
  ①模块接口　②局部数据结构　③模块内路径　④边界条件　⑤错误处理　⑥系统性能
  (64) A．①②③④⑤⑥　B．①②③④⑤　C．①②③④　D．①②③

- 一个 Web 信息系统所需要进行的测试包括　(65)　。
  ①功能测试　②性能测试　③可用性测试　④客户端兼容性测试　⑤安全性测试
  (65) A．①②　B．①②③　C．①②③④　D．①②③④⑤

- 以下不属于网络测试的测试指标是　(66)　。
  (66) A．吞吐量　B．延时　C．并发用户数　D．丢包率

- 对于基于用户口令的用户认证机制来说，(67)　不属于增强系统安全性应使用的防范措施。
  (67) A．对本地存储的口令进行加密
  　　 B．在用户输入的非法口令达到规定的次数之后，禁用相应账户
  　　 C．建议用户使用英文单词或姓名等容易记忆的口令
  　　 D．对于关键领域或安全性要求较高的系统，应该保证用过的用户删除或停用后，保留该用户记录，且新用户不能与该用户重名

- 对于防病毒系统的测试是系统安全测试的重要内容，下列不属于防病毒系统安全测试基本测试点的是　(68)　。
  (68) A．能否提供对病毒特征库与检测引擎的定期在线更新服务
  　　 B．能否在不更新特征库的前提下对新的未知病毒进行有效查杀
  　　 C．能否支持多种平台的病毒防范
  　　 D．能否支持对电子邮件附件的病毒防治

- 1976 年 Diffie 与 Hellman 首次公开提出　(69)　的概念与结构，采用两个从此独立的密钥对数据分别进行加密或解密，且加密过程基于数学函数，从而带来了加密领域的革命性进步。
  (69) A．公钥加密　B．对称加密　C．单向 Hash 函数　D．RSA 加密

(44) A. 对系统的词汇建模　　　　　　　B. 对简单的协作建模
　　　C. 对逻辑数据库模式建模　　　　　D. 对系统的需求建模
(45) A. 依赖　　　　B. 关联　　　　C. 聚集　　　　D. 泛化
(46) A. 依赖　　　　B. 关联　　　　C. 聚集　　　　D. 泛化
(47) A. 之间的语义关系，其中 PersonRecord 发生变化会影响 Person 的语义
　　　B. 之间的一种结构关系，描述了一组链，即对象之间的连接
　　　C. 是整体和部分的关系
　　　D. 是一般和特殊的关系

软件复杂性是指理解和处理软件的难易程度。其度量参数不包括 (48) 。
(48) A. 规模　　　　B. 类型　　　　C. 结构　　　　D. 难度

对现有软件系统中一些数据处理的算法进行改进，以提高效率，从而更快地响应用户服务要求。这种行为属于 (49) 维护。
(49) A. 更正性　　　B. 适应性　　　C. 完善性　　　D. 预防性

软件测试的对象包括 (50) 。
①需求规格说明　②概要设计文档　③软件测试报告　④软件代码
⑤用户手册　⑥软件开发人员
(50) A. ①②③④⑤⑥　B. ①②③④⑤　C. ①②④　D. ①②③④

以下不属于系统测试的是 (51) 。
①单元测试　②集成测试　③安全性测试　④可靠性测试　⑤确认测试　⑥验收测试
(51) A. ①②③④⑤⑥　B. ①②③④　C. ①②⑤⑥　D. ①②④⑤⑥

以下关于软件测试原则的叙述中，不正确的是 (52) 。
(52) A. 测试阶段在实现阶段之后，因此实现完成后再开始进行测试
　　　B. 测试用例需要完善和修订
　　　C. 发现错误越多的地方应该进行越多的测试
　　　D. 测试用例本身也需要测试

一条 Bug 记录应该包括 (53) 。
①编号　②详细描述　③级别　④所属模块　⑤发现人
(53) A. ①②　　　　B. ①②③　　　　C. ①②③④　　　　D. ①②③④⑤

(54) 不属于使用软件测试工具的目的。
(54) A. 帮助测试寻找问题　　　　　　B. 协助问题的诊断
　　　C. 节省测试时间　　　　　　　　D. 替代手工测试

以下关于验收测试的叙述中，不正确的是 (55) 。
(55) A. 验收测试由开发方主导，用户参与
　　　B. 验收测试也需要制订测试计划
　　　C. 验收测试之前需要先明确验收方法
　　　D. 验收测试需要给出验收通过或者不通过结论

以下关于黑盒测试的测试方法选择的叙述中，不正确的是 (56) 。
(56) A. 在任何情况下都要采用边界值分析法
　　　B. 必要时有等价类划分法补充测试用例
　　　C. 可以用错误推测法追加测试用例
　　　D. 如果输入条件之前不存在组合情况，则采用因果图法

以下关于等价划分法的叙述中，不正确的是 (57) 。
(57) A. 如果规定输入值 string1 必须是 \0'结束，那么得到两个等价类，即有效等价类{string1|string1 以\0'结束}，无效等价类{string1|string1 不以\0'结束}
　　　B. 如果规定输入值 int1 取值为 1、-1 两个数之一，那么得到 3 个等价类，即有效等价类

交还公司，王某认为，综合信息管理系统的源程序是他独立完成的，他是综合信息系统源程序著作权人，王某的行为 (11) 。

(11) A. 侵犯了公司的软件著作权   B. 未侵犯公司的软件著作权
       C. 侵犯了公司的商业秘密权   D. 不涉及侵犯公司的软件著作权

● 颜色深度是表达单个像素的颜色或灰度所占的位数（bit），若每个像素具有8位的颜色深度，则表示 (12) 种不同的颜色。

(12) A. 8   B. 64   C. 256   D. 512

● 视觉上的颜色可用亮度、色调和饱和度3个特征来描述，其中饱和度是指颜色的 (13) 。

(13) A. 种数   B. 纯度   C. 感觉   D. 存储量

● (14) 不属于主动攻击。

(14) A. 流量分析   B. 重放   C. IP地址欺骗   D. 拒绝服务

● 防火墙不具备 (15) 功能。

(15) A. 包过滤   B. 查毒   C. 记录访问过程   D. 代理

● 如下图所示，从输出的信息中可以确定的信息是 (16) 。

```
C:\>netstat -n
Active   Connections
  Proto    Local Address        Foreign Address       State
  TCP      192.168.0.200:2011   202.100.112.11:443    ESTABLISHED
  TCP      192.168.0.200:2038   100.29.200.110:110    TIME_WAIT
  TCP      192.168.0.200:2052   128.105.129.30:80     ESTABLISHED
```

(16) A. 本地主机正在使用的端口号是公共端口号
      B. 192.168.0.200 正在与 128.105.129.30 建立连接
      C. 本地主机与 202.100.112.12 建立安全连接
      D. 本地主机正在与 100.29.200.110 建立连接

● 数据库系统通常采用外模式、模式和内模式三级模式结构，这三级模式分别对应的数据库的 (17) 。

(17) A. 基本表、存储文件和视图   B. 视图、基本表和存储文件
      C. 基本表、视图和存储文件   D. 视图、存储文件和基本表

● 在数据库逻辑设计阶段，若实体中存在多值属性，那么将E-R图转为关系模式时， (18) 得到的关系模式属于4NF。

(18) A. 将所有多值属性组成一个关系模式
      B. 使多值属性不在关系模式中出现
      C. 将实体的码分别和每个多值属性独立构成一个关系模式
      D. 将多值属性和其他属性一起构成该实体对应的关系模式

● 在分布式数据库中有分片透明、复制透明、位置透明和逻辑透明等基本概念，其中， (19) 是指局部数据模型透明，即用户或应用程序无需知道局部使用的是哪种数据模型； (20) 是指用户或应用程序不需要知道逻辑上访问的表是怎么分块存储的。

(19) A. 分片透明   B. 复制透明   C. 位置透明   D. 逻辑透明
(20) A. 分片透明   B. 复制透明   C. 位置透明   D. 逻辑透明

● 设有关系模式 R(A1,A2,A3,A4,A5,A6)，其中，函数依赖集 F={A1→A2, A1A3→A4, A5A6→A1, A2A5→A6, A3A5→A6}，则 (21) 是关系模式 R 的一个主键，R 规范化程度最高达到 (22) 。

(21) A. A1A4   B. A2A4   C. A3A5   D. A4A5
(22) A. 1NF   B. 2NF   C. 3NF   D. BCNF

● POP3 协议采用 (23) 模式，客户端代理与 POP3 服务器通过建立 (24) 连接来传送数据。

(23) A. Browser/Server   B. Client/Server

CPU 响应 DMA 请求是在 __(1)__ 结束时。
(1) A．一条指令执行 B．一段程序 C．一个时钟周期 D．一个总线周期

虚拟存储体系是由 __(2)__ 两级存储器构成。
(2) A．主存、辅存 B．寄存器、Cache C．寄存器、主体 D．Cache、主存

浮点数能够表示的数的范围是由其 __(3)__ 的位数决定的。
(3) A．尾数 B．阶码 C．数符 D．阶符

在机器指令的地址段中，直接指出操作数本身的寻址方式称为 __(4)__ 。
(4) A．隐含寻址 B．寄存器寻址 C．立即寻址 D．直接寻址

内存按字节编址从 B3000H 到 DABFFH 的区域其存储容量为 __(5)__ 。
(5) A．123KB B．159KB C．163KB D．194KB

编译器和解释器是两种基本的高级语言处理程序。编译器对高级语言源程序的处理过程可以划分为词法分析、语法分析、语义分析、中间代码生成、代码优化、目标代码生成等阶段，其中，__(6)__ 并不是每个编译器都必需的。
(6) A．词法分析和语法分析 B．语义分析和中间代码生成
 　 C．中间代码生成和代码优化 D．代码优化和目标代码生成

表达式采用逆波兰式表示时，利用 __(7)__ 进行求值。
(7) A．栈 B．队列 C．符号表 D．散列表

某企业的生产流水线上有 2 名工人 P1 和 P2，1 名检验员 P3。P1 将初步加工的半成品放入半成品箱 B1，P2 从半成口箱 B1 取出继续加工，加工好的产品放入成品箱 B2，P3 从成品箱 B2 取出产品检验。假设 B1 可存放 N 件半成品，B2 可存放 M 件产品，并且设置 6 个信号量：S1、S2、S3、S4、S5 和 S6，且 S3 和 S6 的初值都为 0，采用 PV 操作实现 P1、P2 和 P3 的同步模型如下图所示，则信号量 S1 和 S5 __(8)__ ，S2、S4 的初值分别为 __(9)__ 。

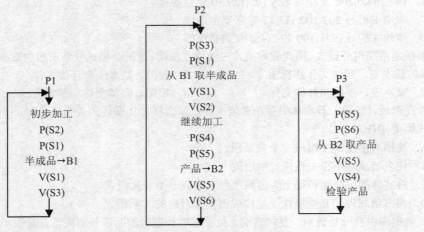

(8) A．分别为同步信号量和互斥信号量，初值分别为 0 和 1
 　 B．都是同步信号量，其初值分别为 0 和 0
 　 C．都是互斥信号量，其初值分别为 1 和 1
 　 D．都是互斥信号量，其初值分别为 0 和 1

(9) A．N，0 B．M，0 C．M，N D．N，M

在支持多线程的操作系统中，假设进程 P 创建了若干个线程，那么 __(10)__ 是不能被这些线程共享的。
(10) A．该进程中打开的文件 B．该进程的代码段
 　　 C．该进程中某线程的栈指针 D．该进程的全局变量

软件设计师王某在其公司的某一综合楼信息管理系统软件开发工作中承担了大部分的程序设计工作，该系统交付用户后，投入试运行后，王某离职，并带走了该综合信息管理系统的源程序，拒不

2014 年下半年

全国计算机技术与软件专业技术资格考试
2014 年下半年 软件评测师 上午试卷

（考试时间 9:00～11:30 共 150 分钟）

请按下述要求正确填写答题卡

1. 在答题卡的指定位置上正确写入你的姓名和准考证号，并用正规 2B 铅笔在你写入的准考证号下填涂准考证号。
2. 本试卷的试题中共有 75 个空格，需要全部解答，每个空格 1 分，满分 75 分。
3. 每个空格对应一个序号，有 A、B、C、D 四个选项，请选择一个最恰当的选项作为解答，在答题卡相应序号下填涂该选项。
4. 解答前务必阅读例题和答题卡上的例题填涂样式及填涂注意事项。解答时用正规 2B 铅笔正确填涂选项，如需修改，请用橡皮擦干净，否则会导致不能正确评分。

例题

● 2014 年下半年全国计算机技术与软件专业技术资格考试日期是 （88） 月 （89） 日。
（88）A. 9　　　　　B. 10　　　　　C. 11　　　　　D. 12
（89）A. 4　　　　　B. 5　　　　　C. 6　　　　　D. 7

　　因为考试日期是"11 月 4 日"，故（88）选 C，（89）选 A，应在答题卡序号 88 下对 C 填涂，在序号 89 下对 A 填涂（参看答题卡）。

(24) A. $\pi_{1,2,7}(\sigma_{2='信息' \wedge 3=5 \wedge 4=6 \wedge 7='北京'}(R \times S))$ B. $\pi_{1,2,7}(\sigma_{3=5 \wedge 4=6}(\sigma_{2='信息'}(R) \times \sigma_{5='北京'}(S)))$
      C. $\pi_{1,2,7}(\sigma_{3=5 \wedge 4=6 \wedge 2='信息'}(R \times \sigma_{7='北京'}(S)))$ D. $\pi_{1,2,7}(\sigma_{3=5 \wedge 4=6 \wedge 7='北京'}(\sigma_{2='信息'}(R) \times S))$

- 在数据库系统中，数据的 __(25)__ 是指保护数据库，以防止不合法的使用所造成的数据泄露、更改或破坏。
  (25) A. 安全性　　　　B. 可靠性　　　　C. 完整性　　　　D. 并发控制
- PPP 中的安全认证协议是 __(26)__ ，它使用三次握手的会话过程传送密文。
  (26) A. MD5　　　　B. PAP　　　　C. CHAP　　　　D. HASH
- ICMP 协议属于因特网中的 __(27)__ 协议，ICMP 协议数据单元封装在 __(28)__ 中传送。
  (27) A. 数据链路层　　B. 网络层　　　　C. 传输层　　　　D. 会话层
  (28) A. 以太帧　　　　B. TCP 段　　　　C. UDP 数据报　　D. IP 数据报
- DHCP 客户端可从 DHCP 服务器获得 __(29)__ 。
  (29) A. DHCP 服务器的地址和 Web 服务器的地址
      B. DNS 服务器的地址和 DHCP 服务器的地址
      C. 客户端地址和邮件服务器地址
      D. 默认网关的地址和邮件服务器地址
- 分配给某公司网络的地址块是 210.115.192.0/20，该网络可以被划分为 __(30)__ 个 C 类子网。
  (30) A. 4　　　　　　B. 8　　　　　　C. 16　　　　　　D. 32
- 在项目初始阶段，软件开发首先需要 __(31)__ 。
  (31) A. 理解要解决的问题　　　　　　B. 确定解决方案
      C. 确定参与开发的人员　　　　　D. 估算开发成本
- 软件项目管理所涉及的范围覆盖了整个软件 __(32)__ 。
  (32) A. 开发过程　　B. 运行与维护过程　　C. 定义过程　　D. 生存期
- 下图是一个软件项目的活动图，其中顶点表示项目里程碑，连接顶点的边表示包含的活动，则里程碑 __(33)__ 在关键路径上。活动 GH 的松弛时间是 __(34)__ 。

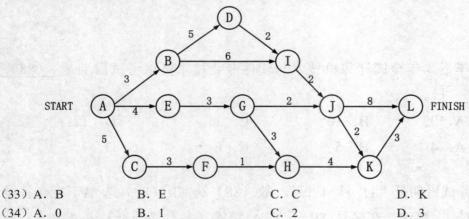

  (33) A. B　　　　　B. E　　　　　C. C　　　　　D. K
  (34) A. 0　　　　　B. 1　　　　　C. 2　　　　　D. 3
- 以下关于瀑布模型的叙述中，正确的是 __(35)__ 。
  (35) A. 适用于需求被清晰定义的情况　　B. 可以快速构造系统的可运行版本
      C. 唯一一个适合大规模项目开发的模型　D. 已不能适应当前软件开发的过时模型
- 某开发小组欲开发一个大型软件系统，需求变化较小，此时最不适宜采用 __(36)__ 过程模型。
  (36) A. 瀑布　　　　B. 原型　　　　C. 增量　　　　D. 螺旋
- 在各种不同的软件需求中，__(37)__ 描述了产品必须要完成的任务，可以在用例模型中予以说明。
  (37) A. 功能需求　　B. 业务需求　　C. 质量需求　　D. 设计约束
- 以下关于结构化开发方法的叙述中，不正确的是 __(38)__ 。
  (38) A. 总的指导思想是自顶向下，逐层分解

B. 基本原则是功能的分解与抽象
C. 比面向对象开发方法更适合于开发大规模的、特别复杂的项目
D. 特别适合解决数据处理领域的问题

● 模块 A、B 和 C 都包含相同的 5 个语句，这些语句之间没有联系，为了避免重复，把这 5 个语句抽取出来组成一个模块 D，则模块 D 的内聚类型为 __(39)__ 内聚。以下关于该类内聚的叙述中，不正确的是 __(40)__ 。
(39) A. 功能　　　　　B. 通信　　　　　　C. 逻辑　　　　　　D. 巧合
(40) A. 从模块独立性来看，是不好的设计　　B. 是最弱的一种内聚类型
C. 是最强的一种内聚类型　　　　　　　D. 不易于软件的修改和维护

● 在分层体系结构中，__(41)__ 实现与实体对象相关的业务逻辑。在基于 JAVA EE 技术开发的软件系统中，常用 __(42)__ 技术来实现该层。
(41) A. 表示层　　　　B. 控制层　　　　　C. 模型层　　　　　D. 数据层
(42) A. HTML　　　　 B. JSP　　　　　　 C. Servlet　　　　　D. EJB

● 在进行软件设计时，以下结构设计原则中，不正确的是 __(43)__ 。
(43) A. 模块应具有较强的独立性，即高内聚和低耦合
B. 模块之间的连接存在上下级的调用关系和同级之间的横向联系
C. 整个系统呈树状结构，不允许网状结构或交叉调用关系出现
D. 所有模块都必须严格地分类编码并建立归档文件

● 在软件开发过程中，详细设计的内容不包括 __(44)__ 设计。
(44) A. 软件体系结构　B. 算法　　　　　　C. 数据结构　　　　D. 数据库物理结构

● 以下关于文档的叙述中，正确的是 __(45)__ 。
(45) A. 仅仅指软件开发过程中产生的文档
B. 必须是满足一定格式要求的规范文档
C. 编写文档会降低软件开发的效率
D. 高质量文档可以提高软件系统的可维护性

● 在软件维护阶段，将专用报表功能改成通用报表功能，以适应将来可能的报表格式变化，则该维护类型为 __(46)__ 维护。
(46) A. 更正性　　　　B. 适应性　　　　　C. 完善性　　　　　D. 预防性

● 以下用例图中，A1 和 A2 为 __(47)__ 。A1 和 A2 的关系为 __(48)__ 。

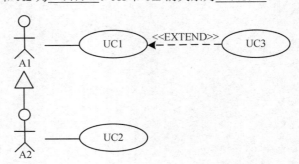

(47) A. 参与者　　　　B. 人　　　　　　　C. 系统　　　　　　D. 外部系统
(48) A. 关联　　　　　B. 泛化　　　　　　C. 包含　　　　　　D. 扩展

● 下图为某设计模式的类图，类 State 和 Context 的关系为 __(49)__ ，类 __(50)__ 是客户使用的主要接口。

Teams are required for most engineering projects. Although some small hardware or software products can be developed by individuals, the scale and complexity of modem systems is such, and the demand for short schedules so great, that it is no longer __(71)__ for one person to do most engineering jobs. Systems development is a team __(72)__, and the effectiveness of the team largely determines the __(73)__ of the engineering.

Development teams often behave much like baseball or basketball teams. Even though they may have multiple specialties, all the members work toward __(74)__. However, on systems maintenance and enhancement teams, the engineers ofen work relatively independently, much like wrestling and track teams.

A team is __(75)__ just a group of people who happen to work together. Teamwork takes practice and it involves special skills. Teams require common processes; they need agreed-upon goals; and they need effective guidance and leadership. The methods for guiding and leading such teams are well known, but they are not obvious.

(71) A. convenient B. existing C. practical D. real
(72) A. activity B. job C. process D. application
(73) A. size B. quality C. scale D. complexity
(74) A. multiple objective B. different objectives
    C. a single objective D. independent objectives
(75) A. relatively B. / C. only D. more than

全国计算机技术与软件专业技术资格考试
2014 年下半年 软件评测师 下午试卷

（考试时间　14:00～16:30　共 150 分钟）

请按下述要求正确填写答题纸

1. 在答题纸的指定位置填写你所在的省、自治区、直辖市、计划单列市的名称。
2. 在答题纸的指定位置填写准考证号、出生年月日和姓名。
3. 答题纸上除填写上述内容外只能写解答。
4. 本试卷共 5 道题，试题一至试题二是必答题，试题三至试题五选答 2 道，满分 75 分。
5. 解答时字迹务必清楚，字迹不清时，将不评分。
6. 仿照下面例题，将解答写在答题纸的对应栏内。

例题

● 2014 年下半年全国计算机技术与软件专业技术资格考试日期是＿＿（1）＿＿月＿＿（2）＿＿日。

　　因为正确的解答是"11 月 4 日"，故在答题纸的对应栏内写上"11"和"4"（参看下表）。

例题	解答栏
（1）	11
（2）	4

【问题1】(8分)

为防止针对网校学员的口令攻击,请从口令的强度、传输存储及管理等方面,说明可采取哪些安全防护措施。相应地,对于网校学员所采用的口令认证机制进行测试时,请说明从用户名称及用户口令两个方面开展测试时应包含哪些基本的测试点。

【问题2】(6分)

为提高系统认证环节的安全性,系统在网校教师及管理员登录认证时引入了 USB Key,请说明对公钥认证客户端进行安全测试时,USB Key 的功能与性能测试应包含哪些基本的测试点。

【问题3】(6分)

系统证书服务器主要提供证书审核注册管理及证书认证两项功能,根据系统实际情况,目前只设置人员证书,请说明针对证书服务器的功能与性能测试应包含哪些基本的测试点。

试题五(20分)

阅读下列说明,回答问题1至问题4,将解答填入答题纸的对应栏内。

【说明】某嵌入式刹车控制软件,应用于汽车刹车控制器,该软件需求如下:

(1)模式选择:采集模式控制离散量信号 In-D1 并通过模式识别信号灯显示软件当前工作模式。在信号 In-D1 为低电平时进入正常工作模式(模式识别信号灯为绿色),为高电平时进入维护模式(模式识别信号灯为红色)。软件在正常工作模式下仅进行刹车控制和记录刹车次数,在维护模式下仅进行中央控制器指令响应。

(2)刹车控制:采用定时中断机制,以 5ms 为周期采集来自驻车器发出的模拟量信号 In-A1 以及来自刹车踏板发出的模拟量信号 In-A2,并向刹车执行组件发送模拟量信号 Out-A1 进行刹车控制。

模拟量信号说明:①In-A1、In-A2 以及 Out-A1 信号范围均为[0.0V, 10.0V],信号精度均为 0.1V;②Out-A1 信号的计算方法为 Out-A1=In-A1+ 0.3*In-A2,在计算完成后需要在满足信号精度的要求下进行四舍五入及限幅处理。

(3)记录刹车次数:在 Out-A1 大于 4V 时,读出非易失存储器 NVRAM 中保存的刹车次数记录进行加 1 操作,然后保存至非易失存储器 NVRAM 中。

(4)响应中央控制器指令:接收来自中央控制器的串行口指令字 In-S1,回送串行口响应字 Out-S1。当接收的指令字错误时,软件直接丢弃该命令字,不进行任何响应。

指令字及响应字说明见表 5-1。

表 5-1

序号	指令	指令字 In_S1				响应字 Out_S1 格式				
		帧头	指令码	帧长	帧尾	帧头	响应码	帧长	数据	帧尾
1	读取刹车次数指令	0x5A	0x01	0x04	0xA5	0x5A	0x01	0x06	刹车次数(2字节)	0xA5
2	清除刹车次数指令	0x5A	0x02	0x04	0xA5	0x5A	0x02	0x06	0x0000	0xA5

【问题1】（4分）

在不考虑测量误差的情况下，根据所设计的输入填写表5-2中的空（1）～（4）。

表5-2

序号	输入		输出 Out-A1
	In-A1	In-A2	预期结果
1	0.0V	0.0V	0.0V
2	3.0V	5.2V	（1）
3	……	……	……
4	5.3V	6.8V	（2）
5	6.9V	10.0V	9.9V
6	7.0V	10.0V	10.0V
7	7.1V	10.0V	（3）
8	10.0V	10.0V	（4）

【问题2】（8分）

请简述本软件串行输入接口测试的测试策略及测试内容。针对表5-1中"读取刹车次数指令"进行鲁棒性测试时应考虑哪些情况？

【问题3】（6分）

某测试人员设计了如表5-3所示的操作步骤，对模式选择功能进行测试（表中 END 表示用例到此结束）。

表5-3

前提条件	上电前置 In-D1 为低电平，给测试环境上电后，模式识别信号灯为绿色	
顺序号	In-D1 输入	模式识别信号灯预期输出
1	高电平	红色
2	低电平	绿色
3	高电平	红色
4	END	
5		

为进一步提高刹车控制软件的安全性，在需求中增加了设计约束：软件在单次运行过程中，若进入正常工作模式，则不得再进入维护模式。请参照表5-3的测试用例完成表5-4，用于测试该设计约束。

表5-4

前提条件		
顺序号	In-D1 输入	模式识别信号灯预期输出
1		
2		
3		
4		
5		

全国计算机技术与软件专业技术资格考试
2014年下半年 软件评测师 下午试卷答题纸

（考试时间　14:00～16:30　共150分钟）

试题号	一	二	三	四	五	总分
得　分						
评阅人						加分人
校阅人						

试　题　一　解　答　栏	得　分
问题1	
问题2	

问题 3			
评阅人	校阅人	小 计	

试 题 五 解 答 栏	得 分
问题 1	
问题 2	
问题 3	
问题 4	
评阅人 　　　校阅人　　　小 计	

全国计算机技术与软件专业技术资格考试
2014 年下半年 软件评测师 上午试卷解析

(1) 参考答案：B

试题解析　本题考查计算机系统基础知识。总线上传输的信息可分为数据信息、地址信息和控制信息，因此总线由数据总线、地址总线和控制总线组成。

数据总线传送数据信息，CPU 一次传输的数据与数据总线带宽相等。

控制总线传送控制信号和时序信号，如读/写、片选、中断响应信号等。

地址总线传送地址，它决定了系统的寻址空间。

(2) 参考答案：D

试题解析　本题考查计算机系统基础知识。计算机系统中，高速缓存一般用 SRAM，内存一般用 DRAM，外存一般采用磁盘存储器。SRAM 的集成度低、速度快、成本高；DRAM 的集成度高，但是需要动态刷新。磁盘存储器速度慢、容量大、价格便宜。因此，计算机采用分级存储体系可以解决存储容量、成本和速度之间的矛盾。

(3) 参考答案：B

试题解析　本题考查计算机系统基础知识。程序计数器、指令寄存器和指令译码器都是 CPU 中控制单元的部件，加法器是算术逻辑运算单元的部件。算术逻辑单元是运算器的重要组成部件，负责处理数据，实现对数据的算术运算和逻辑运算。

(4) 参考答案：D

试题解析　本题考查计算机系统基础知识。从地址 A5000H 到 DCFFFH 的存储单元数目为 37FFFH（即 224*1024）个，由于是字节编址，从而得到存储容量为 224KB。

内存按字节编址从 A5000H 到 DCFFFH，得出地址空间为：DCFFFF-A5000+1=38000H，将 38000H 换算为二进制为：1110000000000000000=11100000×2^{10}=224KB。

(5) 参考答案：A

试题解析　本题考查计算机系统基础知识。计算机工作时就是取指令和执行指令。一条指令往往可以完成一串运算的动作，但却需要多个时钟周期来执行。随着需求的不断增加，设计的指令集越来越多，为支持这些新增的指令，计算机的体系结构会越来越复杂，发展成 CISC 指令结构的计算机。而在 CISC 指令集的各种指令中，其使用频率却相差悬殊，大约有 20%的指令会被反复使用，占整个程序代码的 80%。而余下的 80%的指令却不经常使用，在程序设计中只占 20%，显然，这种结构是不太合理的。

RISC 和 CISC 在架构上的不同主要有：①在指令集的设计上，RISC 指令格式和长度通常是固定的（如 ARM 是 32 位的指令），且寻址方式少而简单，大多数指令在一个周期内就可以执行完毕；CISC 构架下的指令长度通常是可变的、指令类型也很多，一条指令通常要若干周期才可以执行完。由于指令集多少与复杂度上的差异，使 RISC 的处理器可以利用简单的硬件电路设计出指令解码功能，这样易于流水线的实现。相对的 CISC 则需要通过只读存储器里的微码来进行解码，CISC 因为指令功能与指令参数变化较大，执行流水线作业时有较多的限制。②RISC 架构中只有载入和存储指令可以访问存储器，数据处理指令只对寄存器的内容进行操作。为了加速程序的运算，RISC 会设定多组的寄存器，并且指定特殊用途的寄存器。CISC 构架则允许数据处理指令对存储器进行操作，对寄存器的要求相对不高。

(6) 参考答案：B

试题解析　本题考查程序语言基础知识。用户编写的源程序不可避免地会有一些错误，这些错误大致可分为静态错误和动态错误。动态错误也称动态语义错误，它们发生在程序运行时，例如变量取零时作除数、引用数组元素下标越界等。静态错误是指编译时所发现的程序错误，可分为语法错误和静态语义错误，如单词拼写错误、标点符号错误、表达式中缺少操作数、括号不匹配等有关语言结构上的当第1块数据送入用户工作区后，缓冲区是空闲的可以传送第2块数据。这样，第1块数据的处理C1与第2块数据的输入T2是可以并行的，依此类推。系统对每一块数据的处理时间为：Max(C,T)+M。因为，当T>C时，处理时间为M+T；当T<C时，处理时间为M+C。本题每一块数据的处理时间为10+5=15，Doc1文件的处理时间为15×10+2=152。

但在解题过程中，需要用到计算机组成原理中的流水线知识。因为进行处理时，每个数据要经过读入缓冲区、送用户区、处理3个步骤。这3个步骤中，有两个步骤是需要用到缓冲区的，这两个步骤执行时，缓冲区都不可以开始下一个磁盘区的处理工作，所以3个步骤可合并为两个，即读入缓冲区并送用户区、处理。此时，可应用流水线的方式来提升效率。所以用户将大小为10个磁盘块的File1文件逐块从磁盘读入缓冲区，并送用户区进行处理，采用单缓冲时需要花费的时间为：(10+5+2)+(10-1)×(10+5)=152μs。

若增加一个缓冲区，使用双缓冲区时，从磁盘向缓冲区中传送数据的工作可通过两个缓冲区持续交替进行，所以计算方式为10×10+5+2=107μs。

（19）**参考答案**：C

✏ **试题解析** 图中R1资源只有2个，P2进程申请该资源得不到满足，故P2进程是阻塞节点；R2资源只有3个，为P1、P2、P3各分配一个，P1再申请该资源得不到满足，故P1进程也是阻塞节点；R3资源只有2个，分配1个给P2进程，还有1个可用，P3申请该资源可以得到满足，故P3是非阻塞节点。

（20）（21）**参考答案**：A C

✏ **试题解析** 本题考查数据库系统基础知识。数据库设计主要分为用户需求分析、概念结构、逻辑结构和物理结构设计4个阶段。其中，在用户需求分析阶段中，数据库设计人员采用一定的辅助工具对应用对象的功能、性能、限制等要求所进行的科学分析，并形成需求说明文档、数据字典和数据流程图。用户需求分析阶段形成的相关文档用以作为概念结构设计的设计依据。

逻辑结构设计是在概念结构设计的基础上进行的数据模型设计，可以是层次、网状模型和关系模型。由于当前的绝大多数DBMS都是基于关系模型的，E-R方法又是概念结构设计的主要方法，如何在全局E-R图基础上进行关系模型的逻辑结构设计成为这一阶段的主要内容。

但本题中第2个选项中并没有涉及概念阶段的成果，所以结合第2问进行选择，应该选择需求分析阶段，而需求阶段形成的产物为需求说明文档、数据字典和数据流图。

（22）（23）**参考答案**：C D

✏ **试题解析** 本题考查关系代数运算与SQL查询方面的基础知识。$\pi_{1,3,5}(\sigma_{2='软件工程'}(R \bowtie S))$的含义是从$R \bowtie S$结果集中选取B='软件工程'的元组，再进行R.A、R.C和S.E投影。

自然连接$R \bowtie S$的公共属性为C、D，所以在SQL中可以用条件"WHERE R.C=S.C AND R.D=S.D"来限定；对于选取运算符$\sigma_{2='信息化'}$在SQL中可以用条件"WHERE B='软件工程'"来限定。

（24）**参考答案**：B

✏ **试题解析** 关系代数表达式查询优化的原则如下：

1）提早执行选取运算。对于有选择运算的表达式，应优化成尽可能先执行选择运算的等价表达式，以得到较小的中间结果，减少运算量和从外存读块的次数。

2）合并乘积与其后的选择运算为连接运算。在表达式中，当乘积运算后面是选择运算时，应该合并为连接运算，使选择与乘积一道完成，以避免做完乘积后，需再扫描一个大的乘积关系进行选择运算。

3）将投影运算与其后的其他运算同时进行，以避免重复扫描关系。

4）将投影运算和其前后的二目运算结合起来，使得没有必要为去掉某些字段再扫描一遍关系。

5）在执行连接前对关系适当地预处理，就能快速地找到要连接的元组。方法有索引连接法、排序合并连接法两种。

6）存储公共子表达式。对于有公共子表达式的结果应存于外存（中间结果），这样，当从外存读出它的时间比计算的时间少时，就可节约操作时间。

显然，根据原则1）尽量提早执行选取运算。

(25) **参考答案**：A

✍**试题解析** 本题考查数据库系统的基本概念。数据控制功能包括对数据库中数据的安全性、完整性、并发和恢复的控制。其中：

1）安全性（Security）是指保护数据库受恶意访问，即防止不合法的使用所造成的数据泄露、更改或破坏。这样，用户只能按规定对数据进行处理，例如，划分了不同的权限，有的用户只能有读数据的权限，有的用户有修改数据的权限，用户只能在规定的权限范围内操纵数据库。

2）完整性（Integrality）是指数据库的正确性和相容性，是防止合法用户使用数据库时向数据库加入不符合语义的数据。保证数据库中数据是正确的，避免非法的更新。

3）并发控制（Concurrency Control）是指在多用户共享的系统中，许多用户可能同时对同一数据进行操作。DBMS 的并发控制子系统负责协调并发事务的执行，保证数据库的完整性不受破坏，避免用户得到不正确的数据。

4）故障恢复（Recovery From Failure）。数据库中的 4 类故障是事务内部故障、系统故障、介质故障及计算机病毒。故障恢复主要是指恢复数据库本身，即在故障引起数据库当前状态不一致后，将数据库恢复到某个正确状态或一致状态。恢复的原理非常简单，就是要建立冗余（redundancy）数据。换句话说，确定数据库是否可恢复的方法就是其包含的每一条信息是否都可以利用存储在别处的冗余信息重构。冗余是物理级的，通常认为逻辑级是没有冗余的。

(26) **参考答案**：C

✍**试题解析** PPP 认证是可选的。PPP 扩展认证协议（Extensible Authentication Protocol，EAP）可支持多种认证机制，并且允许使用后端服务器来实现复杂的认证过程，例如通过 Radius 服务器进行 Web 认证时，远程访问服务器（RAS）只是作为认证服务器的代理传递请求和应答报文，并且当识别出认证成功/失败标志后结束认证过程。通常 PPP 支持的两个认证协议是：

1）口令验证协议（Password Authentication Protocol，PAP）：提供了一种简单的两次握手认证方法，由终端发送用户标识和口令字，等待服务器的应答，如果认证不成功，则终止连接。这种方法不安全，因为采用文本方式发送密码，可能会被第三方窃取。

2）质询握手认证协议（Challenge Handshake Authentication Protocol，CHAP）：采用三次握手方式周期地验证对方的身份。首先是逻辑链路建立后认证服务器就要发送一个挑战报文（随机数），终端计算该报文的 Hash 值并把结果返回服务器，然后认证服务器把收到的 Hash 值与自己计算的 Hash 值进行比较，如果匹配，则认证通过，连接得以建立，否则连接被终止。计算 Hash 值的过程有一个双方共享的密钥参与，而密钥是不通过网络传送的，所以 CHAP 是更安全的认证机制。在后续的通信过程中，每经过一个随机的间隔，这个认证过程都可能被重复，以缩短入侵者进行持续攻击的时间。值得注意的是，这种方法可以进行双向身份认证，终端也可以向服务器进行挑战，使得双方都能确认对方身份的合法性。

(27)(28) **参考答案**：B D

✍**试题解析** ICMP（Internet Control Message Protocol）与 IP 协议同属于网络层，用于传送有关通信问题的消息。例如，数据报不能到达目标站，路由器没有足够的缓存空间，或者路由器向发送主机提供最短通路信息等。ICMP 报文封装在 IP 数据报中传送，因而不保证可靠地提交。

(29) **参考答案**：B

✍**试题解析** 本题考查 DHCP 协议的工作原理。DHCP 客户端可从 DHCP 服务器获得本机 IP 地址、DNS 服务器的地址、DHCP 服务器的地址、默认网关的地址等，但没有 Web 服务器、邮件服务器地址。

(30) **参考答案**：C

✍**试题解析** C 类 IP 地址默认的子网掩码为 24 位，即 210.115.192.0/20 需要向主机位借 4 位用来表示网络，即用于表示子网位的位数为 4 位，一个有 2^4 个子网。

(31) **参考答案**：A

✍**试题解析** 本题考查软件工程的基础知识。在项目开发初始阶段，首先需要理解待解决的问题是什么，才能确定其他方面的内容。

软件开发项目管理的首要阶段需要确定项目的目标范围，包括开发商和客户双方的协议合同、软件可以提高软件系统的可维护性。

(46) **参考答案**：D

试题解析 本题考查软件维护的基础知识。软件维护一般包括4种类型：
1) 更正性维护是指改正在系统开发阶段已发生而系统测试阶段尚未发现的错误。
2) 适应性维护是指使应用软件适应新型技术变化和管理需求变化而进行的修改。
3) 完善性维护是指为扩充功能和改善性能而进行的修改，主要是指对已有的软件系统增加一些在系统分析和设计阶段中没有规定的功能与性能特征。
4) 预防性维护是指为了改进应用软件的可靠性和可维护性，为了适应未来的软硬件环境的变化，主动增加预防性的功能，以使应用系统适应各类变化而不被淘汰。

将专用报表功能改成通用报表功能，以适应将来可能的变化，是一种预防性维护。

(47)(48) **参考答案**：A B

试题解析 本题考查面向对象技术和UML的基本概念和基础知识。题干中的图是UML用例图。用例图根据系统和系统的环境之间的交互，描述可观察到的、用户发起的功能。A1和A2是参与者，空心箭头表示两者之间是泛化的关系。

(49)(50) **参考答案**：C A

试题解析 本题考查面向对象技术和UML的基本概念和基础知识。题干中的图是UML状态模式的类图。类图描述了系统中各类对象以及它们之间的各种关系。在该类图中，类State和Context的关系为聚合关系，客户访问类Context。

聚合关系是整体与部分的关系，如车和轮胎是整体和部分的关系；聚合关系是关联关系的一种，是强的关联关系；关联和聚合在语法上无法区分，必须考查具体的逻辑关系。

(51) **参考答案**：D

试题解析 本题考查软件测试的对象。根据软件的定义，软件包括程序、数据和文档。所以软件测试并不仅仅是程序测试，还应包括相应文档和数据的测试。软件开发人员不属于上述三者之一，不是软件测试的对象。

(52) **参考答案**：C

试题解析 本题考查系统测试的概念。根据软件测试策略和过程，软件测试可以划分为单元测试、集成测试、系统测试等阶段。其中，系统测试是将经过集成测试的软件，作为计算机系统的一个部分，与系统中其他部分结合起来，在实际运行环境下对计算机系统进行的一系列严格有效的测试，以发现软件潜在的问题，保证系统的正常运行。安全性测试、可靠性测试、兼容性测试、可用性测试都属于系统测试的范畴。

(53) **参考答案**：B

试题解析 本题考查软件测试的原则。软件测试应遵循的原则包括测试贯穿于全部软件生命周期；应当把"尽早和不断地测试"作为开发者的座右铭；程序员应该避免检查自己的程序，测试工作应该由独立的专业的软件测试机构来完成；设计测试用例时，应该考虑到合法的输入和不合法的输入，以及各种边界条件；测试用例本身也应经过测试；设计好测试用例后还需要逐步完善和修订（一定要注意测试中的错误集中发生现象，应对错误群集的程序段进行重点测试）；对测试错误结果一定要有一个确认的过程；制订严格的测试计划，并把测试时间安排得尽量宽松，不要希望在极短的时间内完成一个高水平的测试；回归测试的关联性一定要引起充分的注意，修改一个错误而引起更多错误出现的现象并不少见；妥善保存一切测试过程文档；穷举测试是不能实现的。

根据上述描述，测试用例也是需要经过测试的。

(54) **参考答案**：C

试题解析 本题考查软件测试和软件开发的关系。软件测试和软件开发的关系为：项目规划阶段，负责从单元测试到系统测试的整个测试阶段的规划；需求分析阶段，确定测试需求分析、系统测试计划的制订，评审后成为管理项目；详细设计和概要设计阶段，确保集成测试计划和单元测试计划完成；编码阶段，由开发人员进行自己负责部分的测试代码，当项目较大时，由专人进行编码阶段的测试任务；

测试阶段（单元、集成、系统测试），依据测试代码进行测试，并提交相应的测试状态报告和测试结束报告。

根据上述描述，系统测试计划是在需求分析阶段完成的。

（55）**参考答案**：A

试题解析 本题考查在引入自动化测试之前手工测试的缺点。

手工测试全部依靠人手工完成，因此工作量大且耗时，难以衡量测试工作的进展。手工测试无法模拟软件的长时间运行和大量并发用户的访问，因此难以胜任可靠性测试和性能测试。当测试规模较大时，纯人工的测试过程的管理也会面临困难。

根据上述描述，题目中的 6 项都属于手工测试的缺点。

（56）**参考答案**：D

试题解析 本题考查可用性测试的基础知识。可用性测试的目的是对软件的可用程度进行评估，看是否达到了可用性标准。在评估过程中，软件的安装过程、错误提示、GUI 接口、登录过程、帮助文本等所有与软件"可用"相关的都属于测试的关注点。

根据上述描述，题目中这 5 项都属于可用性测试关注的问题。

（57）**参考答案**：C

试题解析 本题考查黑盒测试的基础知识。黑盒测试是把程序看作一个不能打开的黑盒子，在完全不考虑程序内部结构和内部特性的情况下，在程序接口进行测试，它只检查程序功能是否按照需求规格说明书的规定正常使用，程序是否能适当地接收输入数据而产生正确的输出信息。黑盒测试着眼于程序外部结构，不考虑内部逻辑结构，主要针对软件界面和软件功能进行测试。黑盒测试能发现功能错误或者遗漏、输入输出错误以及初始化和终止错误。

由于黑盒测试不考虑程序内部结构，其用例设计可以和软件实现同步，且该方法不依赖于软件内部的具体实现，当实现变化后，只要对外接口不变，则无需重新设计用例。

（58）**参考答案**：A

试题解析 本题考查黑盒测试方法中的等价类划分法。在等价类划分法中，在规定了输入数据取值范围或值的个数的情况下，可以确定一个有效等价类和两个无效等价类；如果规定了一组输入数据（假设包括 n 个输入值），并且程序要对每一个输入值分别进行处理的情况下，可确定 n 个有效等价类（每个值确定一个有效等价类）和一个无效等价类（所有不允许的输入值的集合）；如果输入条件规定了输入值的集合或规定了"必须如何"的条件下，可以确定一个有效等价类和一个无效等价类（该集合有效值之外）；如果规定了输入数据必须遵守的规则或限制条件的情况下，可确定一个有效等价类（符合规则）和若干个无效等价类（从不同角度违反规则）。

本题中，选项 A 属于规定了输入数据的取值范围，因此应该得到一个有效等价类 $\{a|1<=a<=99\}$ 和两个无效等价类 $\{a|a<1\}$、$\{a|a>99\}$。

（59）**参考答案**：D

试题解析 本题考查白盒测试的逻辑覆盖法。根据逻辑覆盖法定义，语句覆盖针对的是语句，是最弱的覆盖准则；判定覆盖和条件覆盖分别针对的是判定和条件，强度次之；判定条件覆盖要同时考虑判定和判定中的条件，满足判定条件覆盖同时满足了判定覆盖和条件覆盖；条件组合覆盖则要考虑同一判定中各条件之间的组合关系，是最强的覆盖准则。

根据上述描述，覆盖准则最强的是条件组合覆盖。

（60）**参考答案**：D

试题解析 本题考查白盒测试中逻辑覆盖法的条件组合覆盖。条件组合覆盖的含义是选择足够的测试用例，使得每个判定中条件的各种可能组合都至少出现一次。

本题中有 4 个条件，组合之后需要的用例数是 16，因此选项 D 正确。

（61）**参考答案**：C

试题解析 本题考查负载测试、压力测试、疲劳强度测试、大数据量测试的基本知识。负载测试是通过逐步增加系统负载，测试系统性能的变化，并最终确定在满足性能指标的情况下，系统所能承

全国计算机技术与软件专业技术资格考试
2014年下半年 软件评测师 下午试卷解析

试题一

【参考答案】
【问题1】

序号	条件
1	month>=1&&month<=12
2	month<=1|| month>12
3	month==2
4	month!=2&&(month>=1&&month<=12)
5	year%4==0&&month==2
6	year%4!=0&&month==2
7	year%100==0&&month==2
8	year%100!=0&& year%4==0&&month==2
9	year%400==0&&month==2
10	year%400!=0&&year%100==0&&month==2
11	month==4||month==6|| month==9|| month==11
12	(month!=4&& month!=6&& month!=9&& month!=11)&&(month!=2)

【问题2】
控制流图如下:

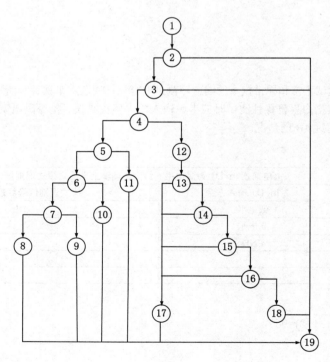

环路复杂度 V(G)=11。

3）是否提供外部接口支持将数据传入 Key 内，经过公钥、私钥计算后导出。
4）是否能实现 USB Key 插入状态实时监测，当 USB Key 意外拔出时是否能自动锁定用户状态。
5）是否使用口令进行保护。
（2）性能测试。
1）是否具备私钥不能导出的基本安全特性。
2）Key 内加解密算法的执行效率是否满足系统最低要求。

【问题3】
（1）功能测试。
1）系统是否提供证书的申请、审核、签发与管理功能。
2）系统是否提供证书撤销列表的发布和管理等功能。
3）系统是否提供证书认证策略及操作管理策略、自身证书安全管理等管理服务。
4）是否可以提供加密证书和签名证书。
5）证书格式是否采用标准 X.509 格式。
（2）性能测试。
1）检查证书服务器的处理性能是否具备可伸缩配置及扩展能力。
2）关键部分是否采用双机热备和磁盘镜像等安全机制。
3）是否满足系统的不间断运行、在线故障恢复和在线系统升级的需要。
4）是否满足需求中预测的最大数量用户正常访问需求，且是否具备 3~4 倍冗余，并根据需要测试证书服务器的并发处理能力。

试题五

【参考答案】
【问题1】
（1）4.6V
（2）7.3V
（3）10.0V
（4）10.0V

【问题2】
测试策略中包括测试正常和异常指令的响应。测试内容包括读取刹车次数和清除刹车次数两种指令。
对"读取刹车次数指令"鲁棒性测试时应考虑输入接口帧头错误、指令码错误、帧长错误、帧尾错误以及整个指令长度超过 4B 的情况。

【问题3】

前提条件	上电前置 In_D1 为高电平，给测试环境上电后，模式识别信号灯为红色	
顺序号	In_D1 输入	模式识别信号灯预期输出
1	低电平	绿色
2	高电平	绿色
3	END	
4		
5		

【问题4】
DDP=(17+31)/(17+31+2)=96%。

都不该被接受。

（1）<script> alert ('Wuff!') </script>

（2）<b onmouseover=alert ('Wuff!') >click me!</b>

预防核心原则，防止的主要手段是对功能符号进行编码（转义）：

1）不要在允许位置插入不可信数据。

2）向 HTML 元素内容插入不可信数据前对 HTML 解码。

3）在向 HTML JavaScript DATA Values 插入不可信数据前，进行 JavaScript 解码。

4）在向 HTML URL 属性插入不可信数据前，进行 URL 解码。

【问题 2】

图形测试的主要检查点如下：

（1）颜色饱和度对比度是否合适。

（2）需要突出的链接颜色是否容易识别。

（3）是否正确加载所有图形。

【问题 3】

页面测试可以从以下几个方面进行：

（1）页面的一致性。

（2）在每个页面上是否设计友好的用户界面和直观的导航系统。

（3）是否考虑多种浏览器的需要。

（4）是否建立了页面文件的命名体系。

（5）是否充分考虑了合适的页面布局技术，如层叠样式表、表格和帧结构等。

【问题 4】

pStmt.setString(" '1'　　or '1'='1'--　　" , status)

pStmt.setString(" '2'　　or '1'='1'--　　" , OrderID)

该设计可以防止 SQL 注入。

试题四

【参考答案】

【问题 1】

（1）可采取的安全防护措施包括：

1）口令强度：可设置最小口令长度，同时可采取用户在口令中使用非数字字母的字符等增加口令复杂度的手段提高口令强度。

2）口令传输储存：可采用加密或 Hashing 手段，系统服务端存储的用户口令可加密或 Hashing 后存储，网络传输的用户口令可加密或 Hashing 后进行传输。

3）口令管理：可设置最大口令时效强制用户定期更新口令，引入口令锁定机制以应对口令猜测攻击，引入口令历史强制用户设置新口令等。

（2）对口令认证机制应包含的基本测试点：

1）对用户名称测试的主要测试点在于测试用户名称的唯一性，即测试同时存在的用户名称在不考虑大小写的情况下，不能够同名。

2）对用户口令测试应主要测试用户口令是否满足当前流行的控制模式。主要测试点应包括最大/最小口令时效、口令历史、口令复杂度、加密选项及口令锁定等。

【问题 2】

客户端 USB Key 测试的基本测试点有：

（1）功能测试。

1）是否支持 AES、RSA 等常用的加解密算法。

2）是否提供外部接口以支持用户证书及私钥的导入。

【问题3】

线性无关路径：

（1）1、2、19。

（2）1、2、3、19。

（3）1、2、3、4、12、13、14、15、16、18、19。

（4）1、2、3、4、12、13、14、15、16、17、19。

（5）1、2、3、4、12、13、14、15、17、19。

（6）1、2、3、4、12、13、14、17、19。

（7）1、2、3、4、12、13、17、19。

（8）1、2、3、4、5、11、19。

（9）1、2、3、4、5、6、10、19。

（10）1、2、3、4、5、6、7、9、19。

（11）1、2、3、4、5、6、7、8、19。

试题二

【参考答案】

【问题1】

序号	输入 C	输出 P
1	0（任意小于 1 的数）	N/A
2	200（任意大于 100 的数）	N/A
3	5（任意大于等于 1 小于等于 10 的数）	150
4	15（任意大于等于 11 小于等于 20 的数）	435
5	25（任意大于等于 21 小于等于 30 的数）	695
6	35（任意大于等于 30 小于等于 100 的数）	930

【问题2】

序号	输入 C	输出 P
1	1	20
2	5（任意大于 1 小于 10 的数）	150
3	10	300
4	11	327
5	15（任意大于 11 小于 20 的数）	435
6	20	570
7	21	595
8	25（任意大于 21 小于 30 的数）	695
9	30	820
10	31	842
11	35（任意大于 31 小于 100 的数）	930
12	100	2360

【问题3】

错误推测法，因果图法，判定表驱动法，正交试验法，功能图法。

试题三

【参考答案】

【问题1】

XSS（跨站点脚本攻击）是一种注入式攻击，主要通过恶意脚本进行攻击，任何脚本如<SCRIPT>

就会遗留较多问题，会影响软件可靠性；软件可靠性投入不够，比如可靠性测试不够，也会影响到软件可靠性。

根据上述描述，题目中这5项都会对软件可靠性产生影响。

（67）**参考答案**：A

试题解析 本题考查软件可靠性的可靠性管理。软件可靠性管理是软件工程管理的一部分，它以全面提高和保证软件可靠性为目标，以软件可靠性活动为主要对象，是把现代管理理论用于软件生命周期中的可靠性保障活动的一种管理形式。

根据软件可靠性管理的定义，确定软件的可靠性目标在软件的需求分析阶段。

（68）**参考答案**：D

试题解析 本题考查公钥加密技术的基础知识。非对称加密算法需要两个密钥：公开密钥和私有密钥。公开密钥与私有密钥是一对，如果用公开密钥对数据进行加密，只有用对应的私有密钥才能解密；如果用私有密钥对数据进行加密，那么只有用对应的公开密钥才能解密。因为加密和解密使用的是两个不同的密钥，所以这种算法叫作非对称加密算法。

公钥加密使用两个独立的密钥，因此是非对称的，即需要使用一对加密密钥与解密密钥，这两个密钥是数学相关的。公钥加密的数据可以用私钥解密，私钥加密的数据也可以用公钥解密。与对称加密使用的位模式简单操作不同，公钥加密是基于数学函数的。

（69）**参考答案**：A

试题解析 本题考查包过滤防火墙的基础知识。包过滤防火墙是一种通过软件检查数据包以实现系统安全防护的基本手段，数据包过滤用在内部主机和外部主机之间，过滤系统可以是一台路由器或是一台主机。

通常通过查看所流经的数据包的包头来决定整个包的命运，可能会决定丢弃这个包，可能会接受这个包（让这个包通过），也可能执行其他更复杂的动作。具体来说，包过滤防火墙通常根据数据包源地址、目的地址、端口号和协议类型等标志设置访问控制列表实现对数据包的过滤。

包过滤是在IP层实现的，包过滤根据数据包的源IP地址、目的IP地址、协议类型（TCP包、UDP包、ICMP包）、源端口、目的端口等包头信息及数据包传输方向等信息来判断是否允许数据包通过。

当网络规模比较复杂时，由于包过滤防火墙要求逻辑的一致性、封堵端口的有效性和规则集的正确性等原因，会导致访问控制规则复杂，难以配置管理。

（70）**参考答案**：C

试题解析 本题考查安全性测试的基本方法。软件系统的安全性是信息安全的重要组成部分，因此安全性测试是软件测试的重要内容之一。典型的安全性测试方法包括安全性功能验证、漏洞扫描、模拟攻击试验以及网络侦听等。而通信加密是典型的安全防护手段，并不属于安全性测试的方法。

（71）（72）（73）（74）（75）**参考答案**：C A B C D

试题解析 大多数工程项目需要团队完成。虽然有些小规模的硬件或软件产品可以由个人完成，但是现代系统的规模大、复杂性高以及开发周期短的极高需求，使得一个人完成大多数工程工作已经不再现实。系统开发是一个团队活动，团队的效率很大程度上决定工程的质量。

开发团队经常表现的像是棒球队或篮球队。即使棒球队或篮球队可能有多种不同专长，但是所有的队员都朝着一个目标努力。然而，在系统维护和增强团队，工程师们的工作就像摔跤和田径队一样经常相对独立。

团队不仅仅是一群人碰巧在一起工作。团队工作需要实践，涉及多种特殊的技能。团队需要共同的过程，需要达成一致的目标，需要有效地指导和领导。尽管指导和领导这样的团队的方法是众所周知的，但是它们并不明显。

受的最大负载量的情况。

　　压力测试是通过逐步增加系统负载，测试系统性能的变化，并最终确定在什么负载条件下系统性能处于失效状态，并以此来获得系统能提供的最大服务级别的测试。

　　大数据量测试包括独立的数据量测试和综合数据量测试两类：①独立的数据量测试指针对某些系统存储、传输、统计、查询等业务进行的大数据量测试；②综合数据量测试指和压力性能测试、负载性能测试、疲劳性能测试相结合的综合测试。

　　疲劳强度测试是采用系统稳定运行情况下能够支持的最大并发用户数，或者日常运行用户数，持续执行一段时间业务，保证达到系统疲劳强度需求的业务量，通过综合分析交易执行指标和资源监控指标，来确定系统处理最大工作量强度性能的过程。

　　大数据量测试包括独立的数据量测试和综合数据量测试，独立数据量测试是指针对系统存储、传输、统计、查询等业务进行的大数据量测试；综合数据量测试是指和压力测试、负载测试、疲劳强度测试相结合的综合测试。

　　本题的目标是检测系统存储的数据容量，应进行的是大数据量测试中的独立数据量测试，因此选项C正确。

　　（62）**参考答案：B**

　　● **试题解析**　本题考查压力测试的基础知识。压力测试是通过逐步增加系统负载，测试系统性能的变化，并最终确定在什么负载条件下系统性能处于失效状态，并以此来获得系统能提供的最大服务级别的测试。重复、增加量级、并发都属于给系统增加压力的手段，而注入错误并不能增加系统压力。注入错误一般属于安全性和可靠性测试使用的方法。

　　（63）**参考答案：C**

　　● **试题解析**　本题考查 GUI 测试的基本概念。GUI（图形用户界面）测试关注的是人和机器的交互，窗口操作、菜单操作、鼠标操作、数据显示都属于交互的范畴，因此属于 GUI 测试的内容。计算结果是否正确应属于功能测试中的程序能否适当地接收输入数据而产生正确的输出信息。

　　（64）**参考答案：C**

　　● **试题解析**　本题考查动态测试的基本概念。路径覆盖测试是白盒测试常用的一种方式，属于动态测试方法。

　　代码审查是由若干程序员和测试员组成一个审查小组，通过阅读、讨论和争议，对程序进行静态分析的过程。

　　静态结构测试是通过测试工具分析程序源代码的系统结构、数据结构、数据接口、内部控制逻辑等内部结构，生成函数调用关系图、模块控制流图、内部文件调用关系图、子程序表、宏和函数参数表等各类图形图表，可以清晰地标识整个软件系统的组成结构，使其便于阅读与理解，然后可以通过分析这些图表，检查软件有没有存在缺陷或错误。

　　技术评审是由一组评审者按照规范的步骤对软件需求、设计、代码或其他技术文档进行仔细地检查，以找出和消除其中的缺陷。

　　根据定义，动态测试是指需要实际运行被测软件而进行的测试。

　　（65）**参考答案：D**

　　● **试题解析**　本题考查集成测试的基础知识。集成测试是在单元测试的基础上，测试在将所有的软件单元按照概要设计规格说明的要求组装成模块、子系统或系统的过程中各部分工作是否达到或实现相应技术指标及要求的活动，因此集成测试关注的主要是各个单元（模块）之间交互的问题，包括模块间数据传递是否正确，一个模块功能是否会影响另一个模块的功能，模块组合起来性能能否满足要求等。

　　函数内部数据结构是否正确属于单元测试的范畴。

　　（66）**参考答案：D**

　　● **试题解析**　本题考查软件可靠性的基本概念。软件可靠性是软件产品在规定的条件下和规定的时间区间完成规定功能的能力。软件运行剖面越多，软件规模越大，内部结构越复杂，则表明软件出错的可能性就越大，可靠性就会越低；软件的开发方法和开发环境不合适或者落后，开发出来的软件

1）业务需求描述使用软件系统要达到什么目标。
2）系统需求是为了满足需求，系统或系统成分必须满足或具有的条件或能力。
3）功能需求是规模软件必须实现的功能性需求，即软件产品必须要完成的任务。
4）质量需求也称为非功能需求，即在满足功能需求的基础上，要求软件系统还必须具有的属性或品质，如可靠性、性能、响应时间、容错性和扩展性等。
5）计约束规定软件开发过程中的设计决策或限制问题解决方案的设计决策。

（38）参考答案：C

📖试题解析　本题考查结构化开发方法的基础知识。结构化开发方法由结构化分析、结构化设计和结构化程序设计构成，是一种面向数据流的开发方法。结构化方法总的指导思想是自顶向下、逐层分解，基本原则是功能的分解与抽象。它是软件工程中最早出现的开发方法，特别适合于数据处理领域的问题，但是不适合解决大规模的、特别复杂的项目，而且难以适应需求的变化。

（39）（40）参考答案：D　C

📖试题解析　本题考查软件设计的基础知识。模块独立性是创建良好设计的一个重要原则，一般采用模块间的耦合和模块的内聚两个准则来进行度量。内聚是指模块内部各元素之间联系的紧密程度，内聚度越高，则模块的独立性越好。内聚性一般有以下几种：
1）巧合内聚，指一个模块内的各处理元素之间没有任何联系。
2）逻辑内聚，指模块内执行几个逻辑上相似的功能，通过参数确定该模块完成哪一个功能。
3）时间内聚，把需要同时执行的动作组合在一起形成的模块。
4）通信内聚，指模块内所有处理元素都在同一个数据结构上操作，或者指各处理使用相同的输入数据或者产生相同的输出数据。
5）顺序内聚，指一个模块中各个处理元素都密切相关于同一功能且必须顺序执行，前一个功能元素的输出就是下一个功能元素的输入。
6）功能内聚，是最强的内聚，指模块内所有元素共同完成一个功能，缺一不可。

上述提到的这几种内聚类型从弱到强，巧合内聚是最弱的一种内聚类型。从模块独立性来看，希望是越强越好，弱内聚不利于软件的修改和维护。

（41）（42）参考答案：C　D

📖试题解析　本题考查软件设计的基础知识。在分层体系结构中，表示层是应用系统的用户界面部分，负责用户与应用程序的交互；控制层接收用户请求，选择适当的逻辑层构件处理并接收处理结果，选择适当的界面展示给用户；模型层访问数据层的数据对象，并根据要求进行查询或更新数据，实现业务逻辑功能，Java EE体系结构中，常用EJB技术实现；数据层负责数据的存储。

（43）参考答案：B

📖试题解析　本题考查软件设计的基础知识。存在一些好的设计原则，如模块设计应该考虑独立性要强些，模块内高内聚，模块之间的耦合程度要低；系统的模块之间应该呈树状结构，模块之间存在上下级调用关系，但不允许同级之间的横向联系，也不希望有复杂的网状结构或交叉调用关系，对所有模块必须严格分类编码并建立归档文件。

（44）参考答案：A

📖试题解析　本题考查的知识点为软件开发中的详细设计基础知识。软件体系结构在概要设计阶段设计，而数据结构、相关的算法以及数据库物理结构则在详细设计阶段设计。

（45）参考答案：D

📖试题解析　本题考查软件文档的基础知识。软件由程序、数据和相关文档构成。因此文档是软件不可或缺的重要组成部分。软件文档不仅包括软件开发过程中产生的文档，还包含在维护过程中的文档。软件文档既包括有一定格式要求的规范文档，也包括在开发过程或其他活动中产生的一些记录文件。尽管在开发过程中编写文档需要占用开发时间，但是相对于没有文档而言，编写文档使得开发人员对各个阶段的工作都进行周密思考，全盘权衡，从而减少返工。并且可以在开发早期发现错误和不一致性，便于及时加以纠正，因此可以提高软件开发效率。高质量的文档对于提高软件开发质量具有重要的意义，产品主要需要实现的功能和这些功能所量化的范围、项目开发的周期等方面。同时，软件所配备的硬件运行环境、性能、稳定性、限制条件都必须同客户明确表明，以满足客户的要求。项目组要系统地阐述项目的范围，确定所要实现的软件系统的资料、功能、性能、目标及预期达到的效果，提出问题及充分描述问题，并进行成本的粗略估计，通过技术评估、经济分析，论证项目在资源、时间、效果、资金、实施方法和技术等方面的可行性。

（32）参考答案：D

试题解析 本题考查软件项目管理的基础知识。软件项目管理管理整个软件项目的生存期，包括开发过程和维护过程，涉及人员管理、产品管理、过程管理和项目管理几个方面。

软件项目管理的对象是软件项目。为了使软件项目开发获得成功，必须对软件开发项目的工作范围、可能遇到的风险、需要的资源、要实现的任务、经历的里程碑、花费的工作量（成本）以及进度的安排等做到心中有数。这种管理的范围覆盖了整个软件工程过程，即开始于技术工作开始之前，在软件从概念到实现的过程中持续进行，最后终止于软件工程过程结束。

（33）（34）参考答案：A D

试题解析 本题考查活动图的基础知识。根据关键路径法，计算出关键路径为 A—B—D—I—J—L，其长度为20。因此里程碑 B 在关键路径上，而里程碑 E、C 和 K 不在关键路径上。包含活动 GH 的最长路径是 A—E—G—H—K—L，长度为17，因此该活动的松弛时间为 20-17=3。

（35）参考答案：A

试题解析 本题考查软件开发过程的基础知识。软件开发过程以系统需求作为输入，以要交付的产品作为输出，涉及活动、约束和资源使用的一系列工具和技术。瀑布模型、快速原型化模型、增量模型、螺旋模型等都是典型的软件开发过程模型。在20世纪80年代之前，瀑布模型一直是唯一被广泛采用的生命周期模型，该模型规定了软件开发从一个阶段瀑布般的转换到另一个阶段。其优点是：

1）可强迫开发人员采用规范化的方法。
2）严格地规定了每个阶段必须提交的文档。
3）要求每个阶段交出的所有产品都必须是经过验证的。

缺点是：

1）每个阶段开发几乎完全依赖于书面的规格说明，因此可能导致开发出的软件产品不能真正满足用户需求。
2）适用于项目开始时就需求确定的情况。

瀑布模型是将软件生存周期各个活动规定为依线性顺序连接的若干阶段的模型。规定了各个阶段由前至后、相互衔接的固定次序，如同瀑布流水，逐级下落。

瀑布模型为软件的开发和维护提供了一种有效的管理模式，根据这一模式制订开发计划，进行成本预算，组织开发力量，以项目的阶段评审和文档控制为手段有效地对整个开发过程进行指导，所以它是以文档为驱动、适合于软件需求很明确的软件项目模型。但是瀑布模型在大量的软件开发实践中也逐渐暴露出它的严重缺点，它是一种理想的线性开发模式，缺乏灵活性，特别是无法解决软件需求不明确或不准确的问题。

（36）参考答案：B

试题解析 本题考查软件开发过程的基础知识。瀑布模型、增量模型和螺旋模型都适宜大型软件系统的开发，原型模型更常用于小规模软件系统的开发。

原型模型是在需求不是很明确的情况下，快速开发出一个"原型"（可以运行，要反映最终系统部分重要特性），原型模型有利于增进软件开发人员和用户对系统服务需求的理解，适合需求不明确、动态变化的项目。

本题需求基本上明确，而且项目较大，增量、螺旋、瀑布模型都可以适应。

（37）参考答案：A

试题解析 本题考查软件需求的基础知识。软件需求是为了解决用户的问题和实现用户的目标，用户所需要的软件必须满足的能力和条件。从不同的角度，软件需求有不同的分类。

网络进行复制和传播，传染途径是网络、移动存储设备和电子邮件。最初的蠕虫病毒定义是在 DOS 环境下，病毒发作时会在屏幕上出现一条类似虫子的东西，胡乱吞吃屏幕上的字母并将其改形，蠕虫病毒因此而得名。常见的蠕虫病毒有红色代码、爱虫病毒、熊猫烧香、Nimda 病毒、爱丽兹病毒等。

冰河是木马软件，主要用于远程监控。冰河木马后经其他人多次改写形成多种变种，并被用于入侵其他用户的计算机的木马程序。

（13）参考答案：A

🔑试题解析 委托开发软件著作权关系的建立，通常由委托人与受托人订立合同而成立。委托开发软件关系中，委托人的责任主要是提供资金、设备等物质条件，并不直接参与开发软件的创作开发活动。受托人的主要责任是根据委托合同规定的目标开发出符合条件的软件。关于委托开发软件著作权的归属，《计算机软件保护条例》第十二条规定："接受他人委托开发的软件，其著作权的归属由委托人与受托人签订书面合同约定，如无书面合同或者合同中未作明确约定的，其著作权由受托人享有。"根据该条的规定，确定委托开发的软件著作权的归属应当掌握两条标准：

1）委托开发软件系根据委托人的要求，由委托人与受托人以合同确定的权利和义务的关系而进行开发的软件，因此软件著作权归属应当作为合同的重要条款予以明确约定。对于当事人已经在合同中约定软件著作权归属关系的，如事后发生纠纷，软件著作权的归属仍应当根据委托开发软件的合同来确定。

2）对于在委托开发软件活动中，委托人与受托人没有签定书面协议，或者在协议中未对软件著作权归属作出明确的约定，其软件著作权属于受托人，即属于实际完成软件的开发者。

接受他人委托开发的软件，其著作权的归属由委托人与受托人签订书面合同约定；无书面合同或者合同未作明确约定的，其著作权由创作方享有。

（14）参考答案：D

🔑试题解析 我国商标注册采取"申请在先"的审查原则，当两个或两个以上申请人在同一种或者类似商品上申请注册相同或者近似商标时，商标主管机关根据申请时间的先后，决定商标权的归属，申请在先的人可以获得注册。对于同日申请的情况，使用在先的人可以获得注册。如果同日使用或均未使用，则采取申请人之间协商解决，协商不成的，由各申请人抽签决定。

类似商标是指在同一种或类似商品上用作商标的文字、图形、读音、含义或文字与图形的整体结构上等要素大体相同的商标，即使消费者对商品的来源产生误认的商标。甲、乙两公司申请注册的商标，"大堂"与"大唐"读音相同、文字相近似，不能同时获准注册。在协商不成的情形下，由甲、乙公司抽签结果确定谁能获准注册。

（15）参考答案：D

🔑试题解析 本题考查的是操作系统 PV 操作方面的基本知识。系统采用 PV 操作实现进程同步与互斥，若有 n 个进程共享两台打印机，那么信号量 S 初值应为 2。当第 1 个进程执行 P(S)操作时，信号量 S 的值减去 1 后等于 1；当第 2 个进程执行 P(S)操作时，信号量 S 的值减去 1 后等于 0；当第 3 个进程执行 P(S)操作时，信号量 S 的值减去 1 后等于 1；当第 4 个进程执行 P(S)操作时，信号量 S 的值减去 1 后等于-2；……；当第 n 个进程执行 P(S)操作时，信号量 S 的值减去 1 后等于-(n-2)。可见，信号量 S 的取值范围为-(n-2)～2。

（16）参考答案：D

🔑试题解析 本题考查操作系统页式存储管理方面的基础知识。从题目给出的段号、页号、页内地址位数情况，可以推算出每一级寻址的寻址空间。

如：已知页内地址是从第 0 位到第 11 位，共 12 个位，所以一个页的大小为：2^{12}=4K。
页号是从第 12 位到第 21 位，共 10 个位，所以一个段中有 2^{10}=1024 个页。
段号是从第 21 位到第 31 位，共 10 个位，所以一共有 2^{10}=1024 个段。

（17）（18）参考答案：C B

🔑试题解析 在块设备输入时，假定从磁盘把一块数据输入到缓冲区的时间为 T，缓冲区中的数据传送到用户工作区的时间为 M，而系统处理（计算）的时间为 C。

错误称为语法错误,而语义分析时发现的运算符与运算对象类型不合法等错误属于静态语义错误。

(7)(8) 参考答案：D A

✎试题解析 本题考查程序语言基础知识。若实现函数调用时,将实参的值传递给对应的形参,则称为是传值调用。这种方式下形式参数不能向实参传递信息。引用调用的本质是将实参的地址传给形参,函数中对形参的访问和修改实际上就是针对相应实际参数变量所作的访问和改变。

根据题目说明,调用函数f()时,实参的值为5,也就是在函数f()中,x的初始值为5,接下来先通过"a = x-1"将a的值设置为4,再调用函数g(a)。函数g()执行时,形参y的初始值为4,经过"y = y*y-1"运算后,y的值就修改为15。在引用调用方式下,g()函数中y是f()函数中a的引用（可视为形参y与实参a是同一对象),也就是说函数f()中a的值被改为15,因此,返回函数f()中再执行"a*x"运算后得到75（x=5,a=15),因此空（7)应填入的值为75。

在传值调用方式下,g()函数中y只获得f()函数中a的值（形参y与实参a是两个不同的对象）,也就是说在函数g()中修改y的值与函数f()中a的值已经没有关系了,因此,返回函数f()再执行"a*x"运算后得到20（x=5,a=4),因此空（8)应填入的值为20。

传值调用：在按值调用时,过程的形式参数取得的是实际参数的值。在这种情况下,形式参数实际上是过程中的局部量,其值的改变不会导致调用点所传送的实际参数的值发生改变,也就是数据的传送是单向的。

引用调用：在按引用调用时,过程的形式参数取得的是实际参数所在的单元地址。在过程中,对该形式参数的引用相当于对实际参数所在的存储单元的地址引用。任何改变形式参数值的操作会反映在该存储单元中,也就是反映在实际参数中,因此数据的传送是双向的。

第（7）题采用的是引用调用方式执行,x=5,g(a)中 y=y*y-1=15,即 a 这时的值被修改为 15,a*x=15*5=75。

第（8）题采用的是传值调用方式执行,x=5,g(a)中 y=y*y-1=15,即 a 这时的值仍然为 4,a*x=4*5=20。

(9) 参考答案：A

✎试题解析 本题考查程序语言基础知识。后缀式（逆波兰式）是波兰逻辑学家卢卡西维奇发明的一种表示表达式的方法。这种表示方式把运算符写在运算对象的后面,例如把a+b写成ab+,所以也称为后缀式。算术表达式"(a-b)*(c+d)"的后缀式是"ab-cd+*"。

第1步：按照运算符的优先级对所有的运算单位加括号,式子变成((a-b)*(c+d))。
第2步：把运算符号移动到对应的括号后面,((ab)-(cd)+)*。
第3步：去掉括号为 ab-cd+*。

(10) 参考答案：B

✎试题解析 本题考查防火墙的基础知识。DMZ是指非军事化区,也称周边网络,可以位于防火墙之外也可以位于防火墙之内。非军事化区一般用来放置提供公共网络服务的设备。这些设备由于必须被公共网络访问,所以无法提供与内部网络主机相等的安全性。

Web服务器是为一种为公共网络提供Web访问的服务器；网络管理服务器和入侵检测服务器是管理企业内部网和对企业内部网络中的数据流进行分析的专用设备,一般不对外提供访问；而财务管理服务器是一种仅针对财务部门内部访问和提供服务的设备,不提供对外的公共服务。

(11) 参考答案：C

✎试题解析 本题考查拒绝服务攻击的基础知识。拒绝服务攻击是指不断地对网络服务系统进行干扰,改变其正常的作业流程,执行无关程序使系统响应减慢直至瘫痪,从而影响正常用户的使用。当网络服务系统响应速度减慢或者瘫痪时,合法用户的正常请求将不被响应,从而实现用户不能进入计算机网络系统或不能得到相应的服务的目的。

DDoS是分布式拒绝服务的英文缩写。分布式拒绝服务的攻击方式是通过远程控制大量的主机向目标主机发送大量的干扰消息的一种攻击方式。

(12) 参考答案：C

✎试题解析 本题考查计算机病毒的基础知识。"蠕虫"（Worm）是一个程序或程序序列,它利用

问题2		
问题3		
问题4		
评阅人		校阅人		小计	

试 题 四 解 答 栏	得 分
问题1	
问题2	

问题3		
评阅人	校阅人	小 计

试 题 二 解 答 栏	得 分
问题1	
问题2	
问题3	
评阅人　　　　校阅人　　　　小　计	

试 题 三 解 答 栏	得 分
问题1	

【问题4】（2分）
本项目在开发过程中通过测试发现了17个错误，后期独立测试发现了31个软件错误，在实际使用中用户反馈了2个错误。请计算缺陷探测率（DDP）。

【问题1】（6分）
请采用等价类划分法为该软件设计测试用例（不考虑C为非整数的情况）。
【问题2】（6分）
请采用边界值分析法为该软件设计测试用例（不考虑健壮性测试，即不考虑C不在1到100之间或者是非整数的情况）。
【问题3】（3分）
列举除了等价类划分法和边界值分析法以外的3种常见的黑盒测试用例设计方法。

试题三（20分）

阅读下列说明，回答问题1至问题4，将解答填入答题纸的对应栏内。

【说明】某大型披萨加工和销售商为了有效管理披萨的生产和销售情况，欲开发一套基于Web的信息系统。其主要功能为销售、生产控制、采购、运送、存储和财务管理等。系统采用Java EE平台开发，页面中采用表单实现数据的提交与交互，使用图形（Graphics）以提升展示效果。

【问题1】（6分）
设计两个表单项输入测试用例，以测试XSS（跨站点脚本）攻击。系统设计时可以采用哪些技术手段防止此类攻击。

【问题2】（3分）
简述图形测试的主要检查点。

【问题3】（5分）
简述页面测试的主要方面。

【问题4】（6分）
系统实现时，对销售订单的更新所用的SQL语句如下：
PreparedStatement pStmt=connection.prepareStatement("UPDATE SalesOrder SET status = ? WHREE OrderID=?") ;
然后通过"setString(...);"的方式设置参数值后加以执行。
设计测试用例以测试SQL注入，并说明该实现是否能防止SQL注入。

试题四（20分）

阅读下列说明，回答问题1至问题3，将解答填入答题纸的对应栏内。

【说明】某大型教育培训机构近期上线了在线网络学校系统，该系统拓扑结构如图4-1所示。
企业信息中心目前拟对该系统用户认证机制进行详细的安全性测试，系统注册用户分为网校学员、教师及管理员3类，其中网校学员采用用户名/口令机制进行认证，教师及管理员采用基于公钥的认证机制。

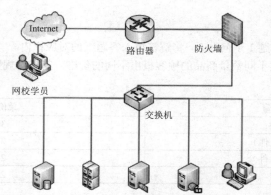

图4-1

试题一（20分）

阅读下列 C 程序，回答问题 1 至问题 3，将解答填入答题纸的对应栏内。
【C 程序】

```
int GetMaxDay( int year, int month){
    int maxday=0;                                    //1
    if( month>=1&&month<=12){                        //2,3
        if(month==2){                                //4
            if( year%4==0){                          //5
                if(year%100==0){                     //6
                    if(year%400==0)                  //7
                        maxday= 29;                  //8
                    else                             //9
                        maxday= 28;
                }
                else                                 //10
                    maxday= 29;
            }
            else                                     //11
                maxday = 28;
        }
        else{                                        //12
            if (month==4||month==6||month==9||month==11)  //13, 14,15,16
                maxday = 30;                         //17
            else                                     //18
                maxday = 31;
        }
    }
    return maxday;                                   //19
}
```

【问题 1】（6 分）

请针对上述 C 程序给出满足 100%DC（判定覆盖）所需的逻辑条件。

【问题 2】（9 分）

请画出上述程序的控制流图，并计算其控制流图的环路复杂度 V(G)。

【问题 3】（5 分）

请给出[问题 2]中的控制流图的线性无关路径。

试题二（15分）

阅读下列说明，回答问题 1 至问题 3，将解答填入答题纸的对应栏内。

【说明】某商店为购买不同数量商品的顾客报出不同的价格，其报价规则见表 2-1。

表 2-1

购买数量	单价/元
头 10 件（第 1 件到第 10 件）	30
第二个 10 件（第 11 件到第 20 件）	27
第三个 10 件（第 21 件到第 30 件）	25
超过 30 件	22

如买 11 件需要支付 10×30+1×27=327 元，买 35 件需要支付 10×30+10×27+10×25+5×22=930 元。现在该商家欲开发一个软件，输入为商品数 C(1≤C≤100)，输出为应付的价钱 P。

的第一个字符是数字}，无效等价类{s|s 的第一个字符不是数字}
  C．如果规定输入值 x 取值为 1、2、3 中的一个，那么得到 4 个等价类，即有效等价类{x|x=1}、{x|x=2}、{x|x=3}，无效等价类{x|x≠1、2、3}
  D．如果规定输入值 i 为奇数，那么得到两个等价类，即有效等价类{i|i 是奇数}，无效等价类{i|i 不是奇数}

● 以下几种白盒覆盖测试中，覆盖准则最强的是__(59)__。
 (59)A．语句覆盖　　B．判定覆盖　　C．条件覆盖　　D．条件组合覆盖

● 对于逻辑表达式((a||b)||(c&&d))，需要__(60)__个测试用例才能完成条件组合覆盖。
 (60)A．2　　B．4　　C．8　　D．16

● 为检测系统所能承受的数据容量，应进行__(61)__。
 (61)A．负载测试　　B．压力测试　　C．大数据量测试　　D．疲劳强度测试

● 压力测试不会使用__(62)__测试手段。
 (62)A．重复　　B．注入错误　　C．增加量级　　D．并发

● 以下测试内容中，不属于 GUI 测试的是__(63)__。
 (63)A．窗口相关操作是否符合标准　　B．菜单和鼠标操作是否正确
   C．计算结果是否正确　　D．数据显示是否正常

● 以下属于动态测试方法的是__(64)__。
 (64)A．代码审查　　B．静态结构测试　　C．路径覆盖　　D．技术评审

● 集成测试关注的问题不包括__(65)__。
 (65)A．模块间的数据传递是否正确
   B．一个模块的功能是否会对另一个模块的功能产生影响
   C．所有模块组合起来的性能是否能满足要求
   D．函数内局部数据结构是否有问题，会不会被异常修改

● 以下属于影响软件可靠性因素的是__(66)__。
 ①软件运行剖面　②软件规模　③软件内部结构　④软件的开发方法和开发环境
 ⑤软件的可靠性投入
 (66)A．①②　　B．①②③　　C．①②③④　　D．①②③④⑤

● 软件可靠性管理把软件可靠性活动贯穿于软件开发的全过程，成为软件工程管理的一部分。确定软件的可靠性目标在__(67)__阶段。
 (67)A．需求分析　　B．概要设计　　C．详细设计　　D．软件测试

● 以下关于公钥加密技术的叙述中，不正确的是__(68)__。
 (68)A．公钥加密的数据可以用私钥解密
   B．私钥加密的数据可以用公钥解密
   C．公钥和私钥相互关联
   D．公钥加密采用与对称加密类似的位模式操作完成对数据的加/解密操作

● 包过滤防火墙是一种通过软件检查数据包以实现系统安全防护的基本手段，以下叙述中，不正确的是__(69)__。
 (69)A．包过滤防火墙通常工作在网络层以上，因此可以实现对应用层数据的检查与过滤
   B．包过滤防火墙通常根据数据包源地址、目的地址、端口号和协议类型等标志设置访问控制列表实现对数据包的过滤
   C．数据包过滤用在内部主机和外部主机之间，过滤系统可以是一台路由器或是一台主机
   D．当网络规模比较复杂时，由于要求逻辑的一致性、封堵端口的有效性和规则集的正确性等原因，会导致访问控制规则复杂，难以配置管理

● 以下测试方法中，不属于典型安全性测试的是__(70)__。
 (70)A．安全功能验证　　B．漏洞扫描　　C．通信加密　　D．模拟攻击试验

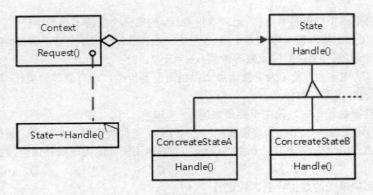

(49) A. 继承　　　　B. 实现　　　　　　C. 聚合　　　　　D. 组合
(50) A. Context　　B. ConcreateStateA　C. ConcreateStateB　D. State

● 软件测试的对象不包括__(51)__。
(51) A. 软件代码　　B. 软件需求规格说明书　C. 软件测试报告　D. 软件开发人员

● 以下测试内容中，属于系统测试的是__(52)__。
①单元测试　②集成测试　③安全性测试　④可靠性测试　⑤兼容性测试　⑥可用性测试
(52) A. ①②③④⑤⑥　B. ②③④⑤⑥　C. ③④⑤⑥　D. ④⑤⑥

● 以下关于软件测试原则的叙述中，不正确的是__(53)__。
(53) A. 测试贯穿于全部软件生命周期，并不是实现完成后才开始
　　　B. 测试用例本身不需要测试
　　　C. 测试用例需要逐步完善、不断修订
　　　D. 当缺陷成群集中出现时，测试时应该更多关注这些缺陷群

● 以下关于测试工作在软件开发各阶段作用的叙述中，不正确的是__(54)__。
(54) A. 在需求分析阶段确定测试的需求分析
　　　B. 在概要设计和详细设计阶段制定集成测试计划和单元测试计划
　　　C. 在程序编写阶段制定系统测试计划
　　　D. 在测试阶段实施测试并提交测试报告

● 在引入自动化测试工具以前，手工测试遇到的问题包括__(55)__。
①工作量和时间耗费过于庞大　②衡量软件测试工作进展困难
③长时间运行的可靠性测试问题　④对并发用户进行模拟的问题
⑤确定系统的性能瓶颈问题　⑥软件测试过程的管理问题
(55) A. ①②③④⑤⑥　B. ①②③④⑤　C. ①②③④　D. ①②③

● 在进行可用性测试时关注的问题应包括__(56)__。
①安装过程是否困难　②错误提示是否明确　③GUI接口是否标准　④登录是否方便
⑤帮助文本是否上下文敏感
(56) A. ①②　　B. ①②③　　C. ①②③④　　D. ①②③④⑤

● 以下叙述中，不正确的是__(57)__。
(57) A. 黑盒测试可以检测软件行为、性能等特性是否满足要求
　　　B. 黑盒测试可以检测软件是否有人机交互上的错误
　　　C. 黑盒测试依赖于软件内部的具体实现，如果实现发生了变化，则需要重新设计用例
　　　D. 黑盒测试用例设计可以和软件实现同步进行

● 以下关于等价类划分法的叙述中，不正确的是__(58)__。
(58) A. 如果规定输入值 a 的范围为 1~99，那么得到两个等价类，即有效等价类 {a|1<=a<=99}，无效等价类 {a|a<1 或者 a>99}
　　　B. 如果规定输入值 s 的第一个字符必须为数字，那么得到两个等价类，即有效等价类 {s|s

财务软件相似,且经协商双方均不同意放弃使用其申请注册的商标标识。在此情形下,__(14)__可准注册。

(14) A. "大堂" B. "大堂"与"大唐"都能
     C. "大唐" D. 由甲、乙抽签结果确定谁能

● 假设系统采用PV操作实现进程同步与互斥,若n个进程共享两台打印机,那么信号量S的取值范围为__(15)__。

(15) A. -2~n B. -(n-1)~1 C. -(n-1)~2 D. -(n-2)~2

● 假设段页式存储管理系统中的地址结构如下图所示,则系统__(16)__。

31	2221	1211	0
段号	页号	页内地址	

(16) A. 最多可有2048个段,每个段的大小均为2048个页,页的大小为2K
     B. 最多可有2048个段,每个段最大允许有2048个页,页的大小为2K
     C. 最多可有1024个段,每个段的大小均为1024个页,页的大小为4K
     D. 最多可有1024个段,每个段最大允许有1024个页,页的大小为4K

● 假设磁盘块与缓冲区大小相同,每个盘块读入缓冲区的时间为10μs,由缓冲区送至用户区的时间是5μs,系统对每个磁盘块数据的处理时间为2μs。若用户需要将大小为10个磁盘块的Doc1文件逐块从磁盘读入缓冲区,并送至用户区进行处理,那么采用单缓冲区需要花费的时间为__(17)__,采用双缓冲区需要花费的时间为__(18)__μs。

(17) A. 100 B. 107 C. 152 D. 170
(18) A. 100 B. 107 C. 152 D. 170

● 在如下所示的进程资源图中,__(19)__。

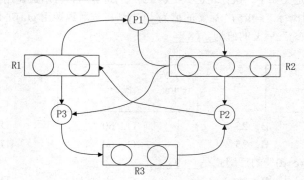

(19) A. P1、P2、P3都是阻塞节点   B. P1是阻塞节点、P2、P3是非阻塞节点
     C. P1、P2是阻塞节点、P3是非阻塞节点 D. P1、P2是非阻塞节点、P3是阻塞节点

● 在数据库逻辑结构设计阶段,需要__(20)__阶段形成的__(21)__作为设计依据。

(20) A. 需求分析   B. 概念结构设计   C. 物理结构设计   D. 数据库运行与维护
(21) A. 程序文档、数据字典和数据流图   B. 需求说明文档、数据文档和数据流图
     C. 需求说明文档、数据字典和数据流图 D. 需求说明文档、数据字典和程序文档

● 给定关系模式R(A,B,C,D)、S(C,D,E),与 $\pi_{1,3,5}(\sigma_{2='软件工程'}(R \bowtie S))$ 等价的SQL语句如下:
  SELECT __(22)__ FROM R, S WHERE __(23)__;

(22) A. A,C,S.C B. A,B,E C. A,R.C,E D. A,R,C,S.D
(23) A. B='软件工程'OR R.C=S.C AND R.D=S.D
     B. B='软件工程'OR R.C=S.C AND R.D=S.D
     C. B='软件工程'OR R.C =S.C OR R.D=S.D
     D. B='软件工程'AND R.C =S.C AND R.D=S.D

● 下列查询B="信息"且E="北京"的A、B、E的关系代数表达式中,查询效率最高的是__(24)__。

三总线结构的计算机总线系统由__(1)__组成。
(1) A. CPU 总线、内存总线和 I/O 总线　　　B. 数据总线、地址总线和控制总线
　　 C. 系统总线、内部总线和外部总线　　　D. 串行总线、并行总线和 PCI 总线
计算机采用分级存储体系的主要目的是为了解决__(2)__的问题。
(2) A. 主存容量不足　　　　　　　　　　　B. 存储器读写可靠性
　　 C. 外设访问效率　　　　　　　　　　　D. 存储容量、成本和速度之间的矛盾
属于 CPU 中算术逻辑单元的部件是__(3)__。
(3) A. 程序计数器　　B. 加法器　　　C. 指令寄存器　　　D. 指令译码器
内存按字节编址从 A5000H 到 DCFFFH 的区域其存储容量为__(4)__。
(4) A. 123KB　　　　B. 180KB　　　C. 223KB　　　　　D. 224KB
以下关于 RISC 和 CISC 的叙述中，不正确的是__(5)__。
(5) A. RISC 通常比 CISC 的指令系统更复杂
　　 B. RISC 通常会比 CISC 配置更多的寄存器
　　 C. RISC 编译器的子程序库通常要比 CISC 编译器的子程序库大得多
　　 D. RISC 比 CISC 更加适合 VLSI 工艺的规整性要求
以下叙述中，正确的是__(6)__。
(6) A. 编译正确的程序不包含语义错误
　　 B. 编译正确的程序不包含语法错误
　　 C. 除数为 0 的情况可以在语义分析阶段检查出来
　　 D. 除数为 0 的情况可以在语法分析阶段检查出来
已知函数 f()、g()的定义如下，执行表达式"x=f(5)"的运算时，若函数调用 g(a)是引用调用（call by reference）方式，则执行"x=f(5)"后 x 的值为__(7)__；若函数调用 g(a)是传值调用（call by value）方式，则执行"x=f(5)"后 x 的值为__(8)__。

f(int x)	g(int y)

int a=x-1;
g(a);
return a*x;
	y=y*y-1;
	return;

(7) A. 20　　　　　B. 25　　　　　C. 60　　　　　D. 75
(8) A. 20　　　　　B. 25　　　　　C. 60　　　　　D. 75
算术表达式"(a-b)*(c+d)"的后缀式是__(9)__。
(9) A. ab-cd+*　　B. abcd-*+　　C. ab-*cd+　　D. ab-c+d*
网络系统中，通常把__(10)__置于 DMZ 区。
(10) A. 网络管理服务器　　　　　　　　　　B. Web 服务器
　　 C. 入侵检测服务器　　　　　　　　　　D. 财务管理服务器
以下关于拒绝服务攻击的叙述中，不正确的是__(11)__。
(11) A. 拒绝服务攻击的目的是使计算机或者网络无法提供正常的服务
　　 B. 拒绝服务攻击是不断向计算机发起请求来实现的
　　 C. 拒绝服务攻击会造成用户密码的泄露
　　 D. DDoS 是一种拒绝服务攻击形式
__(12)__不是蠕虫病毒。
(12) A. 熊猫烧香　　B. 红色代码　　C. 冰河　　　　D. 爱虫病毒
甲公司接受乙公司委托开发了一项应用软件，双方没有签订任何书面合同。在此情形下，__(13)__享有该软件的著作权。
(13) A. 甲公司　　　B. 甲、乙公司协商　　C. 乙公司　　　D. 甲、乙公司均不
甲、乙软件公司于 2013 年 9 月 12 日就其财务软件产品分别申请"大堂"和"大唐"商标注册。两

命题密卷

全国计算机技术与软件专业技术资格考试
命题密卷 软件评测师 上午试卷

（考试时间 9:00～11:30 共150分钟）

请按下述要求正确填写答题卡

1. 在答题卡的指定位置上正确写入你的姓名和准考证号,并用正规 2B 铅笔在写入的准考证号下填涂准考证号。

2. 本试卷的试题中共有 75 个空格,需要全部解答,每个空格 1 分,满分 75 分。

3. 每个空格对应一个序号,有 A、B、C、D 四个选项,请选择一个最恰当的选项作为解答,在答题卡相应序号下填涂该选项。

4. 解答前务必阅读例题和答题卡上的例题填涂样式及填涂注意事项。解答时用正规 2B 铅笔正确填涂选项,如需修改,请用橡皮擦干净,否则会导致不能正确评分。

例题

● 2020 年下半年全国计算机技术与软件专业技术资格考试日期是 __（88）__ 月 __（89）__ 日。

（88）A. 9　　　　B. 10　　　　C. 11　　　　D. 12
（89）A. 4　　　　B. 5　　　　C. 6　　　　D. 7

因为考试日期是"11 月 4 日",故（88）选 C,（89）选 A,应在答题卡序号 88 下对 C 填涂,在序号 89 下对 A 填涂（参看答题卡）。

C．查出了预定数目的错误　　　　　　D．按照测试计划中所规定的时间进行了测试
● 下面①～④是关于软件评测师工作原则的描述，正确的判断是　(25)　。
　①对于开发人员提交的程序必须进行完全的测试，以确保程序的质量
　②必须合理安排测试任务，做好周密的测试计划，平均分配软件各个模块的测试时间
　③在测试之前需要与开发人员进行详细的交流，明确开发人员的程序设计思路，并以此为依据开展软件测试工作，最大程度地发现程序中与其设计思路不一致的错误
　④要对自己发现的问题负责，确保每一个问题都能被开发人员理解和修改
　(25) A．①②　　　　　B．②③　　　　　C．①③　　　　　D．无
● 面向对象分析需要找出软件需求中客观存在的所有实体对象（概念），然后归纳、抽象出实体类。　(26)　是寻找实体对象的有效方法之一。
　(26) A．会议调查　　　B．问卷调查　　　C．电话调查　　　D．名词分析
● 在"模型－视图－控制器"（MVC）模式中，　(27)　主要表现用户界面，　(28)　用来描述核心业务逻辑。
　(27) A．视图　　　　　B．模型　　　　　C．控制器　　　　D．视图和控制器
　(28) A．视图　　　　　B．模型　　　　　C．控制器　　　　D．视图和控制器
● 在进行面向对象设计时，采用设计模式能够　(29)　。
　(29) A．复用相似问题的相同解决方案　　　B．改善代码的平台可移植性
　　　　C．改善代码的可理解性　　　　　　　D．增强软件的易安装性
● 下面给出了4种设计模式的作用：
　外观（Façade）：为子系统中的一组功能调用提供一个一致的接口，这个接口使得这一子系统更加容易使用。
　装饰（Decorate）：当不能采用生成子类的方法进行扩充时，动态地给一个对象添加一些额外的功能。
　单件（Singleton）：保证一个类仅有一个实例，并提供一个访问它的全局访问点。
　模板方法（Template Method）：在方法中定义算法的框架，而将算法中的一些操作步骤延迟到子类中实现。
　请根据下面叙述的场景选用适当的设计模式。若某面向对象系统中的某些类有且只有一个实例，那么采用　(30)　设计模式能够有效达到该目的；该系统中的某子模块需要为其他模块提供访问不同数据库系统（Oracle、SQL Server、DB2 UDB等）的功能，这些数据库系统提供的访问接口有一定的差异，但访问过程却都是相同的，例如，先连接数据库、再打开数据库、最后对数据进行查询，　(31)　设计模式可抽象出相同的数据库访问过程；系统中的文本显示类（TextView）和图片显示类（PictureView）都继承了组件类（Component），分别显示文本和图片内容，现需要构造带有滚动条或者带有黑色边框、或者既有滚动条又有黑色边框的文本显示控件和图片显示控件，但希望最多只增加3个类，　(32)　设计模式可以实现该目的。
　(30) A．外观　　　　　B．装饰　　　　　C．单件　　　　　D．模板方法
　(31) A．外观　　　　　B．装饰　　　　　C．单件　　　　　D．模板方法
　(32) A．外观　　　　　B．装饰　　　　　C．单件　　　　　D．模板方法
● 评价规格说明中不包括　(33)　。
　(33) A．分析产品的描述　　　　　　　　　B．规定对产品及部件执行的测量
　　　　C．按照评价需求验证产生的规格说明　D．请求者说明评价覆盖范围
● 在进行产品评价时，评价者需要对产品部件进行管理和登记，其完整的登记内容应包括　(34)　。
　①部件或文档的唯一标识符　　　　　　②部件的名称或文档标题
　③文档的状态，包括物理状态或变异方面的状态　④请求者提供的版本、配置和日期信息
　(34) A．①③　　　　　B．①②　　　　　C．①③④　　　　D．①②③④
● 下列描述中，不能体现前置测试模型要点的是　(35)　。
　(35) A．前置测试模型主张根据业务需求进行测试设计，认为需求分析阶段是进行测试计划和测

试设计的最好时机

B．前置测试模型将开发和测试的生命周期整合在一起，标识了项目生命周期从开始到结束之间的关键行为，提出业务需求最好在设计和开发之前就被正确定义

C．前置测试将测试执行和开发结合在一起，并在开发阶段以编码－测试－编码－测试的方式来体现，强调对每一个交付的开发结果都必须通过一定的方式进行测试

D．前置测试模型提出验收测试应该独立于技术测试，以保证设计及程序编码能够符合最终用户的需求

- 在进行软件编码规范评测过程中需要围绕几个方面的内容展开，以下描述中不属于编码规范评测内容的有 （36） 。

  (36) A．源程序文档化检查，包括符号名的命名、程序的注释等规范性检查
  B．数据说明检查，包括数据说明次序、语句中变量顺序检查
  C．程序结构检查，程序应采用基本的控制结构、避免不必要的转移控制等
  D．程序逻辑检查，阅读源代码，比较实际程序控制流与程序设计控制流的区别

- 一个局域网中某台主机的 IP 地址为 176.68.160.12，使用 22 位作为网络地址，那么该局域网的子网掩码为 （37） ，最多可以连接的主机数为 （38） 个。

  (37) A．255.255.255.0 B．255.255.248.0 C．255.255.252.0 D．55.255.0.0
  (38) A．254 B．512 C．1022 D．1024

- 以下选项中，可以用于 Internet 信息服务器远程管理的是 （39） 。

  (39) A．Telnet B．RAS C．FTP D．SMTP

- 在 TCP/IP 网络中，为各种公共服务保留的端口号范围是 （40） 。

  (40) A．1～255 B．1～1023 C．1～1024 D．1～65535

- 在以下网络应用中，要求带宽最高的应用是 （41） 。

  (41) A．可视电话 B．数字电视 C．拨号上网 D．收发邮件

- （42） 不是文档测试包括的内容。

  (42) A．合同文档 B．开发文档 C．管理文档 D．用户文档

- 针对用户手册的测试，以下描述 （43） 是不正确的。

  (43) A．准确地按照手册的描述使用程序 B．检查每条陈述
  C．修改错误设计 D．查找容易误导用户的内容

- 阅读下列流程图：

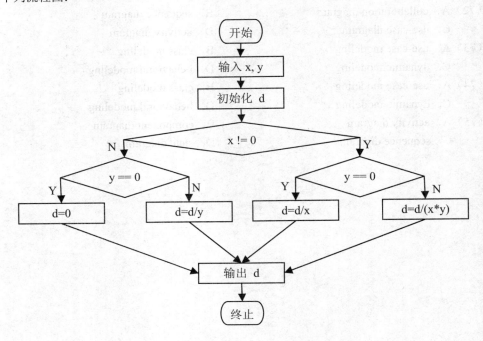

- 广义的软件测试包括　(65)　。
  (65) A. 单元测试、集成测试、确认测试和系统测试
       B. 确认、验证和测试
       C. 需求评审、设计评审、单元测试和综合测试
       D. 开发方测试、用户测试和第三方测试
- "<title style="italic">science</title>" 是 XML 中一个元素的定义，其中元素的内容是　(66)　。
  (66) A. title   B. style   C. italic   D. science
- 某校园网用户无法访问外部站点 210.102.58.74，管理人员在 Windows 操作系统下可以使用　(67)　判断故障发生在校园网内还是校园网外。
  (67) A. ping 210.102.58.74   B. tracert 210.102.58.74
       C. netstat 210.102.58.74   D. arp 210.102.58.74
- 下列测试工具中，使用　(68)　执行自动化负载压力测试，使用　(69)　执行代码静态结构分析，使用　(70)　执行网络测试。
  (68) A. SmartBits   B. Logiscope
       C. Quick Test Professional   D. LoadRunner
  (69) A. SmartBits   B. Logiscope
       C. Quick Test Professional   D. LoadRunner
  (70) A. SmartBits   B. Logiscope
       C. Quick Test Professional   D. LoadRunner
- Object-oriented analysis (OOA) is a semiformal specification technique for the object-oriented paradigm. Object-oriented analysis consists of three steps. The first step is　(71)　. It determines how the various results are computed by the product and presents this information in the form of a　(72)　and associated scenarios. The second is　(73)　, which determines the classes and their attributes, then determines the interrelationships and interaction among the classes. The last step is　(74)　, which determines the actions performed by or to each class or subclass and presents this information in the form of　(75)　.
  (71) A. use-case modeling   B. class modeling
       C. dynamic modeling   D. behavioral modeling
  (72) A. collaboration diagram   B. sequence diagram
       C. use-case diagram   D. activity diagram
  (73) A. use-case modeling   B. class modeling
       C. dynamic modeling   D. behavioral modeling
  (74) A. use-case modeling   B. class modeling
       C. dynamic modeling   D. behavioral modeling
  (75) A. activity diagram   B. component diagram
       C. sequence diagram   D. state diagram

全国计算机技术与软件专业技术资格考试
命题密卷 软件评测师 下午试卷

（考试时间　14:00～16:30　共150分钟）

请按下述要求正确填写答题纸

1. 在答题纸的指定位置填写你所在的省、自治区、直辖市、计划单列市的名称。
2. 在答题纸的指定位置填写准考证号、出生年月日和姓名。
3. 答题纸上除填写上述内容外只能写解答。
4. 本试卷共5道题，试题一至试题二是必答题，试题三至试题五选答2道，满分75分。
5. 解答时字迹务必清楚，字迹不清时，将不评分。
6. 仿照下面例题，将解答写在答题纸的对应栏内。

例题

● 2020年下半年全国计算机技术与软件专业技术资格考试日期是 （1） 月 （2） 日。

　　因为正确的解答是"11月4日"，故在答题纸的对应栏内写上"11"和"4"（参看下表）。

例题	解答栏
（1）	11
（2）	4

I. 落点处无棋子

输入条件	输出结果

【问题3】(9分)

下图画出了中国象棋中走马的因果图,请把[问题2]中列出的输入条件和输出结果的字母编号填入到空白框中相应的位置。

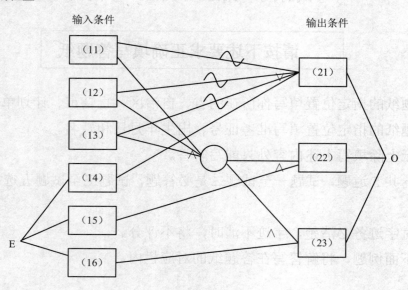

试题五（20分）

阅读下列说明,回答问题1至问题4,将解答填入答题纸的对应栏内。

【说明】某互联网企业开发了一个大型电子商务平台,平台主要功能是支持注册卖家与买家的在线交易。在线交易的安全性是保证平台上正常运行的重要因素,安全中心是平台上提供安全保护措施的核心系统,该系统的主要功能包括:

(1) 密钥管理功能包括公钥加密体系中的公钥及私钥生成与管理、会话密钥的协商、生成、更新及分发等。

(2) 基础加/解密服务包括基于 RSA、ECC 及 AES 等多密码算法的基本加/解密服务。

(3) 认证服务提供基于 PKI 及用户名/口令的认证机制。

(4) 授权服务为应用提供资源及功能的授权管理和访问控制服务。

现企业测试部门拟对平台的密钥管理与加密服务系统进行安全性测试,以检验平台的安全性。

【问题1】(4分)

给出安全中心需应对的常见安全攻击手段并简要说明。

【问题2】(6分)

针对安全中心的安全性测试,可采用哪些基本的安全性测试方法?

【问题3】(5分)

请分别说明针对密钥管理功能进行功能测试和性能测试各自应包含的基本测试点。

【问题4】(5分)

请分别说明针对加/解密服务功能进行功能测试和性能测试各自应包含的基本测试点。

全国计算机技术与软件专业技术资格考试
命题密卷 软件评测师 下午试卷答题纸

（考试时间　14:00～16:30　共150分钟）

试题号	一	二	三	四	五	总分
得　分						
评阅人						加分人
校阅人						

试　题　一　解　答　栏	得分
问题1	
问题2	
问题3	
评阅人　　　　　　　校阅人　　　　　　小　计	

问题2		
问题3		
评阅人	校阅人	小 计

试 题 五 解 答 栏	得 分
问题1	
问题2	
问题3	
问题4	

评阅人	校阅人	小 计

全国计算机技术与软件专业技术资格考试
命题密卷 软件评测师 上午试卷解析

（1）参考答案：C

🖋️试题解析　本题考查计算机基本工作原理。 CPU 中的程序计数器（PC）用于保存将执行的指令的地址，访问内存时，需先将内存地址送入存储器地址寄存器（MAR）中，向内存写入数据时，待写入的数据要先放入数据寄存器（MDR）中。程序中的指令一般放在内存中，要执行时，首先要访问内存取得指令并保存在指令寄存器（IR）中。

计算机中指令的执行过程一般分为取指令、分析指令并获取操作数、运算和传送结果等阶段，每条指令被执行时都要经过这几个阶段。若 CPU 要执行的指令为 MOV R0,# 100（即将数值 100 传送到寄存器 R0 中），则 CPU 首先要完成的操作是将要执行的指令的地址送入程序计数器（PC），访问内存以获取指令。

（2）参考答案：D

🖋️试题解析　本题考查计算机流水线基本工作原理。流水线的基本原理是把一个重复的过程分解为若干个子过程，前一个子过程为下一个子过程创造执行条件，每一个过程可以与其他子过程同时进行。流水线各段执行时间最长的那段为整个流水线的瓶颈，一般地，将其执行时间称为流水线的周期。

（3）参考答案：D

🖋️试题解析　本题考查计算机中的存储部件组成。内存按字节编址，地址从 90000H 到 CFFFFH 时，存储单元数为 CFFFFH－90000H+1=40000H，即 2^{18}B，也即 2^8KB。若存储芯片的容量为 16K×8bit，则需 $2^8/16K=16$ 个芯片组成该内存。

（4）参考答案：B

🖋️试题解析　本题考查计算机组成基础知识。CPU 与其他部件交换数据时，用数据总线传输数据。数据总线宽度指同时传送的二进制位数，内存容量、指令系统中的指令数量和寄存器的位数与数据总线的宽度无关。数据总线宽度越大，单位时间内能进出 CPU 的数据就越多，系统的运算速度越快。

（5）参考答案：D

🖋️试题解析　本题考查计算机系统结构基础知识。传统地，串行计算是指在单个计算机（具有一个中央处理单元）上顺序地执行指令。CPU 按照一个指令序列执行以解决问题。但任意时刻只有一条指令可提供随时并及时的使用。

并行计算是相对于串行计算来说的，并行计算分为时间上的并行和空间上的并行。时间上的并行就是指流水线技术，而空间上的并行则是指用多个处理器并发的执行计算。

空间上的并行导致了两类并行机的产生，按照 Flynn 的说法，根据不同指令流－数据流组织方式把计算机系统分成 4 类：单指令流单数据流（SISD，如单处理机）、单指令流多数据流（SIMD，如相联处理机）、多指令流单数据流（MISD，如流水线计算机）和多指令流多数据流（MIMD，如多处理机系统）。利用高速通信网络将多台高性能工作站或微型机互连构成机群系统，其系统结构形式属于多指令流多数据流（MIMD）计算机。

（6）（7）参考答案：B　C

🖋️试题解析　为了解决进程间的同步和互斥问题，通常采用一种称为信号量机制的方法。

若系统中有 5 个进程共享若干个资源 R，每个进程都需要 4 个资源 R，那么使系统不发生死锁的资源 R 的最少数目是 16 个。因为如果系统有 16 个资源，可以给每个进程先分配 3 个资源。此时还余下一个资源，这个资源无论分配给哪个进程，都能完成该进程的运行，当此进程运行完毕可以将其所有资源释放，所以这样系统不可能产生死锁。

（8）参考答案：D

(21) 参考答案：B

试题解析　设计模式是对被用来在特写场景下解决一般设计问题的类和相互通信的对象的描述。一般而言，一个设计模式有 4 个基本要素：模式名称、问题（模式的使用场合）、解决方案和效果。

每一个设计模式系统地命名、解释和评价了面向对象系统中一个重要的和重复出现的设计。设计模式使人们可以更加简单方便地复用成功的设计和体系结构。将已证实的技术总结成设计模式，也会使新系统的开发者更加容易理解其设计思路。设计模式可以帮助开发者做出有利于复用的选择，避免设计时损害系统复用性。

(22) 参考答案：C

试题解析　对于第一小组：发现了第二组发现的错误的 15/30=0.5=50%。
对于第二小组：发现了第一组发现的错误的 15/25=0.6=60%。
根据第一组的发现的错误数和第一组的效率得到：25/50%=50。
根据第二组的发现的错误数和第二组的效率得到：30/60%=50。
由于两个小组是独立进行测试的，所以可以估计：程序中的错误总数为 50 个。

(23) 参考答案：D

试题解析　α 测试（Alpha 测试）由用户在开发环境下进行测试。β 测试（Beta 测试）由用户在实际使用环境下进行测试。

(24) 参考答案：B

试题解析　软件测试结束的标志是错误强度曲线下降到预定的水平。

(25) 参考答案：D

试题解析　测试的原则包括：
1）所有的软件测试都应该追溯到用户需求。
2）尽早地和不断地进行软件测试。
3）完全测试不可能的，测试需要终止。
4）测试无法显示软件潜在的缺陷。
5）充分注意测试中的集群现象。
6）程序员应避免检查自己的程序。
7）尽量避免测试的随意性。
8）测试是一项协同完成的创造性的工作。

(26) 参考答案：D

试题解析　面向对象分析的过程包括：从用例中提取实体对象和实体类→提取属性→提取关系→添加边界类→添加控制类→绘制类图→绘制顺序图→编制术语表。

提取实体对象的方法，依据用例描述中出现的名词和名词短语提取实体对象，必须对原始的名词和名词短语进行筛选。得到实体对象后，对实体对象进行归纳、抽象出实体类。所以名词分析是寻找实体对象的有效方法之一。

(27)(28) 参考答案：A　B

试题解析　MVC 模式是一个复杂的架构模式，其实现也显得非常复杂。

视图（View）代表用户交互界面，对于 Web 应用来说，可以概括为 HTML 界面，但有可能为 XHTML、XML 和 Applet。

模型（Model）就是业务流程/状态的处理以及业务规则的制定。业务模型的设计可以说是 MVC 最主要的核心。

控制（Controller）可以理解为从用户接收请求，将模型与视图匹配在一起，共同完成用户的请求。

(29) 参考答案：A

试题解析　因为模式是一种指导，在一个良好的指导下，有助于你完成任务，有助于你做出一个优良的设计方案，达到事半功倍的效果，而且会得到解决问题的最佳办法。采用设计模式能够复用相似问题的相同解决方案，加快设计的速度，提高了一致性。

（30）（31）（32）参考答案：C D B

💿试题解析　面向对象系统中的某些类有且只有一个实例，该场景的描述与单件模式的定义相同。系统中的某个子模块需要为其他模块提供访问不同数据库系统（Oracle、SQL Server、DB2 UDB 等）的功能，这些数据库系统提供的访问接口有一定的差异，但访问过程却都是相同的。例如，先连接数据库，再打开数据库，最后对数据进行查询，该场景描述了对数据库进行操作的步骤是相同的。但是，具体的每个步骤根据不同的数据库系统会存在一定差异，例如数据库提供的接口函数不同，模板方法正是将步骤过程抽象出来，而每个具体操作步骤的差异留到具体的子类去实现。系统中的文本显示类（Text View）和图片显示类（Picture View）都继承了组件类（Component），分别显示文本和图片内容，现需要构造带有滚动条或者带有黑色边框，或者既有滚动条又有黑色边框的文本显示控件和图片显示控件，但希望最多只增加 3 个类，该场景限定了能够增加的类的数量。可以通过新增加 3 个类，分别继承组件类并实现给组件增加黑色边框、滚动条以及增加黑色边框和滚动条功能，因为文本显示类和图片显示类都属于组件类，因此，新增加的 3 个类能够给文本显示对象和图片显示对象增加额外的显示功能，该实现手段采用的就是装饰模式。

（33）参考答案：D

💿试题解析　本题考查评价过程中如何编写评价规格说明。编制评价规格说明的活动由分析产品的描述、规定对产品及部件执行的测量和按照评价需求验证编制的规格说明 3 个子活动组成。

（34）参考答案：D

💿试题解析　本题考查评价执行时，软件样品登记的内容。软件样品登记的信息应至少包括：部件或文档的唯一标识符；部件的名称或文档标题；文档的状态（包括物理状态或变异状态）；请求者提供样品的版本、配置和日期信息；接收的日期。

除非请求者有另外的许可，否则评价者将保守全部产品部件和相关文档的秘密。

（35）参考答案：A

💿试题解析　本题考查前置测试模型的概念。前置测试模型是一个将测试和开发紧密结合的模型，该模型提供了轻松的方式，可以使项目加快速度。

前置测试模型体现了以下的要点：

1）开发和测试相结合：前置测试模型将开发和测试的生命周期整合在一起，标识了项目生命周期从开始到结束之间的关键行为。

2）对每一个交付内容进行测试：每一个交付的开发结果都必须通过一定的方式进行。

3）在设计阶段测试计划和测试设计：设计阶段是做测试计划和测试设计的最好时机。

4）测试和开发结合在一起：前置测试将测试执行和开发结合在一起，并在开发阶段以编码—测试—编码—测试的方式来体现。

5）让验收测试和技术测试保持相互独立：验收测试应该独立于技术测试，这样可以提供双重保险，以保证设计及程序编码能够符合最终用户的需求。

（36）参考答案：D

💿试题解析　软件编码规范评测也是围绕以下 4 个方面展开：源程序文档化、数据说明的方法、语句结构和输入/输出方法。

（37）（38）参考答案：C C

💿试题解析　掩码是一个 32 位二进制数字，用点分十进制来描述，缺省情况下，掩码包含两个域：网络域和主机域。这些内容分别对应网络号和本地可管理的网络地址部分，通过使用掩码可将本地可管理的网络地址部分划分成多个子网。题中的 IP 是个 B 类地址，默认掩码为 255.255.0.0，网络地址为 16 位，而题中给出了前 22 位作为网络地址，则子网掩码第三个字节的前 6 位为子网域，第一位用 1 表示，剩余的位数为主机域，由 0 表示，即：11111100 00000000，将这个二进制信息转换成十进制作为掩码的后半部分则可得出所求的完整掩码：255.255.252.0。

主机的 IP 地址为：176.68.160.12，题目已说明网络地址占了 22 位，那么主机地址就占 10 位，不难得出此子网的主机数可以有 2^{10} 个，由于当给子网上的设备分配地址时，有两个地址是不能使用的，即件产品维持规定的性能级别的能力。

成熟性是指软件产品避免因软件中错误的发生而导致失效的能力。

恢复性是指在失效发生的情况下，软件产品重建规定的性能级别并恢复受直接影响的数据的能力。

可靠性依从性是指软件产品依附于同可靠性相关的标准、约定或规定的能力。

（52）**参考答案：D**

试题解析 网络延迟是指从报文开始进入网络到它开始离开网络之间的时间。

（53）**参考答案：A**

试题解析 软件测试配置管理中最基本的活动包括配置项标识、配置项控制、配置状态报告、配置审计。

（54）**参考答案：B**

试题解析 本题考查白盒测试中控制流程图的环路复杂度V(G)的计算方法。

其计算方法有3种：

1）V(G)= 区域数。
2）V(G)= 判断节点数+1。
3）V(G)= 边-节点+2。

（55）**参考答案：D**

试题解析 比语句覆盖稍强的覆盖标准是判定覆盖（Decision Coverage）。判定覆盖的含义是：设计足够的测试用例，使得程序中的每个判定至少都获得一次"真值"或"假值"，或者说使得程序中的每一个取"真"分支和取"假"分支至少经历一次，因此判定覆盖又称为分支覆盖。

（56）**参考答案：D**

试题解析 测试的原则包括：

1）所有的软件测试都应该追溯到用户需求。
2）尽早地和不断地进行软件测试。
3）完全测试是不可能的，测试需要终止。
4）测试无法显示软件潜在的缺陷。
5）充分注意测试中的集群现象。
6）程序员应避免检查自己的程序。
7）尽量避免测试的随意性。
8）测试是一项协同完成的创造性的工作。

（57）**参考答案：B**

试题解析 根据软件的定义，软件包括程序、数据和文档，所以软件测试并不仅仅是程序测试。软件测试应贯穿于整个软件生命周期中，在整个软件生命周期中，各阶段有不同的测试对象，形成了不同开发阶段的不同类型的测试。需求分析、概要设计、详细设计、源程序、目标程序、数据等各阶段所得到的程序、数据和文档都应成为软件测试的对象。

（58）**参考答案：B**

试题解析 按照开发阶段划分，测试类型包括单元测试、集成测试、确认测试、系统测试、验收测试。

（59）**参考答案：B**

试题解析 单元测试又称为模块测试，是针对软件设计的最小单位——程序模块进行正确性检验的测试工作。其目的在于检查每个程序单元能否正确实现详细设计说明中的模块功能、性能、接口和设计约束等要求，发现各模块内部可能存在的各种错误。

集成测试又称为组装测试，通常在单元测试的基础上，将所有的程序模块进行有序的、递增的测试。集成测试是检验程序单元或部件的接口关系，逐步集成为符合概要设计要求的程序部件或整个系统。

确认测试是通过检验和提供客观证据，证实软件是否满足特定预期用途的需求。确认测试是检测与证实软件是否满足软件需求说明书中规定的要求。

系统测试是为验证和确认系统是否达到其原始目标而对集成的硬件和软件系统而进行的测试。系统测试是在真实或模拟系统运行环境下，检查完整的程序系统是否和系统（包括硬件、外设、网络和系统软件、支持平台等）正确配置、连接，并满足用户需求。

验收测试是按照项目任务书或和合同、供需双方约定的验收依据文档进行的对整个系统的测试与评审，决定是否接收或拒绝系统。

（60）（61）（62）参考答案：A D C

📢试题解析　V 模型指出，单元测试和集成测试是验证的程序设计，开发人员和测试组应检测程序的执行是否满足软件设计的要求。系统测试应当验证系统设计，检测系统功能、性能的质量特性是否达到系统设计的指标。确认测试和验收测试追溯软件需求说明书进行测试，以确定软件的实现是否满足用户需求或合同的需求。

（63）参考答案：C

📢试题解析　判定覆盖法要求程序中每个判定的结果至少都获得一次真值和一次假值。本题中共嵌套 3 个判定语句，对于(MaxNum,Type)的取值，至少需要 3 个测试用例才能够满足判定覆盖的要求。

（64）参考答案：B

📢试题解析　修正条件判定覆盖（MCDC 覆盖）要求足够的测试用例来确定每个条件能够影响到包含的判定的结果。对于逻辑表达式（A&&B），至少需要 3 个测试用例才能完成 MCDC 覆盖，这 3 个用例可以描述为：

	用例 1	用例 2	用例 3
A	T	T	F
B	T	F	T
A&&B	T	F	F

（65）参考答案：B

📢试题解析　广义的软件测试是由确认、验证和测试 3 个方面组成的。

确认是评估将要开发的软件产品是否正确无误、可行和有价值。确认意味着确保一个待开发软件是正确无误的，是对软件开发构想的检测。

验证是检测软件开发的每个阶段、每个步骤的结果是否正确无误，是否与软件开发各阶段的要求或期望的结果相一致。验证意味着确保软件会正确无误地实现软件的需求，开发过程是沿着正确的方向进行的。

（66）参考答案：D

📢试题解析　"<title style="italic">science</title>"是 XML 中一个元素的定义，其中：title 是元素标记名称；style 是元素标记属性名称；italic 是元素标记属性值；science 是元素内容。

（67）参考答案：B

📢试题解析　ping 命令只能测试本机能否跟外部指定主机连接，无法判断故障发生在校园网内还是校园网外。tracert（rt 是 router 的简写，该命令意为跟踪路由）命令用于跟踪路由，以查看 IP 数据包所走路径的连通情况，能查出路径上哪段路由出现了连通故障。

netstat 命令一般用来查看本机各端口的连接情况，如开启了哪个端口、开启的端口是哪个 IP 主机连接使用的、连接使用何种协议，以确定是否有黑客非法开启端口进行非法活动，其格式为 netstat -x，其中 x 为参数，常用参数是 a，显示所有信息。

arp 命令可以查看和修改本地主机上的 arp 表项，常用于查看 arp 缓存及解决 IP 地址、解释故障。

（68）（69）（70）参考答案：D B A

📢试题解析　负载压力测试主要是度量应用系统的性能和可扩展性，通过模拟大量用户并发执行关键任务，通过实时性能检测来确认问题和查找问题，并针对所发现的问题对系统性能进行优化。这类工具的代表有 LoadRunner 等。

使用工具 Logiscope 可以对程序进行静态结构分析，即不需要运行程序，仅通过语法扫描找出不符合编码规范之处，打印系统的调用关系图。

全国计算机技术与软件专业技术资格考试
命题密卷 软件评测师 下午试卷解析

试题一

【参考答案】
【问题1】
（1）buf_c[i]<7||buf_c[i]>14；i>=32；
（2）buf_len>512；buf_len<= 512
（3）buf_len==0；buf_len!= 0
（4）i=total_bytes
（5）buf_c[i] =='/0'；buf_c[i] !='/0'
（6）buf_c[i] <7||buf_c[i] >14； buf_c[i] >=7&&buf_c[i]<=14
（7）i>=32；i<32

【问题2】
控制流图如下：

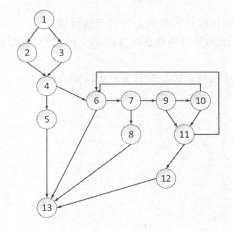

环路复杂度 V(G)=8。

【问题3】
（1）1、2、4、5、13。
（2）1、3、4、5、13。
（3）1、3、4、6、13（1、2、4、6、13）。
（4）1、3、4、6、7、8、13（1、2、4、6、7、8、13）。
（5）1、3、4、6、7、9、11、12、13（1、2、4、6、7、9、11、12、13）。
（6）1、3、4、6、7、9、10、11、12、13（1、2、4、6、7、9、10、11、12、13）。
（7）1、3、4、6、7、9、10、6、7、8、13（1、2、4、6、7、9、10、6、7、8、13）。
（8）1、3、4、6、7、9、10、11、6、7、8、13（1、2、4、6、7、9、10、11、6、7、9、11、12、13）。

3）密钥管理中心的系统、设备、数据、人员等安全管理是否严密。
4）密钥管理中心的审计、认证、恢复、统计等系统管理是否具备。
5）密钥管理系统与证书认证系统之间是否采用基于身份认证的安全通信协议。
（2）性能测试。
1）检查证书服务器的处理性能是否具备可伸缩配置及扩展能力利用并发压力测试工具测试受理点连接数、签发在用证书数目、密钥发放并发请求数是否满足业务需求。
2）测试是否具备系统所需最大量的密钥生成、存储传送、发布、归档等密钥管理功能。
3）是否支持密钥用户要求年限的保存期。
4）是否具备异地容灾备份。
5）是否具备可伸缩配置及扩展能力。
6）关键部分是否采用双机热备和磁盘镜像。

【问题4】
加/解密服务功能的基本测试点包含如下内容。
（1）功能测试。
1）系统是否具备基础加/解密功能。
2）能否为应用提供相对稳定的统一安全服务接口。
3）能否提供对多密码算法的支持。
4）随着业务量的逐渐增加，是否可以灵活增加密码服务。
5）服务模块，实现性能平滑扩展。
（2）性能测试。
1）各加密算法使用的密钥长度是否达到业内安全的密钥长度。
2）RSA、ECC 等公钥算法的签名和验证速度以及 AES 等对称密钥算法的加/解密速度是否满足业务要求。
3）处理性能如公钥密码算法签名等是否具备可扩展能力。

试题四

【参考答案】
【问题1】
应用的输出结果依赖于各种输入条件的组合或各种输入条件之间有某种相互制约关系。
【问题2】
考查因果图划分输入条件与输出结果的方法。

输入条件	输出结果
A、B、D、E、G、I	C、F、H

【问题3】
（11）（12）（13）分别填入结果 A、B、G，不计顺序。
（14）中填写 E。
（15）（22）中分别填写 I、C；（16）（23）中分别填写 D、F。
或者（15）（22）中分别填写 D、F；（16）（23）中分别填写 I、C。
（21）中填写 H。

试题五

【参考答案】
【问题1】
该平台需应对的常见安全攻击手段应包括：
（1）网络侦听：指在数据通信或数据交互的过程中，攻击者对数据进行截取分析，从而实现对包括用户支付账号及口令数据的非授权获取和使用。
（2）冒充攻击：攻击者采用口令猜测、消息重演与篡改等方式，伪装成另一个实体，欺骗安全中心的认证及授权服务，从而登录系统，获取对系统的非授权访问。
（3）拒绝服务攻击：攻击者通过对网络协议的实现缺陷进行故意攻击，或通过野蛮手段耗尽被攻击对象的资源，使电子商务平台中包括安全中心在内的关键服务停止响应甚至崩溃，从而使系统无法提供正常的服务或资源访问。
（4）Web 安全攻击：攻击者通过跨站脚本或 SQL 注入等攻击手段，在电子商务平台系统网页中植入恶意代码或在表单中提交恶意 SQL 命令，从而旁路系统正常访问控制或恶意盗取用户信息。

【问题2】
可采用的基本安全性测试方法包括：
（1）功能验证：采用软件测试中的黑盒测试方法，对安全中心提供的密钥管理、加解密服务、认证服务以及授权服务进行功能测试，验证所提供的相应功能是否有效。
（2）漏洞扫描：借助于特定的漏洞扫描工具，对安全中心本地主机、网络及相应功能模块进行扫描，发现系统中存在的安全性弱点及安全漏洞，从而在安全漏洞造成严重危害之前，发现并加以防范。
（3）模拟攻击试验：模拟攻击试验是一组特殊的黑盒测试案例，通过模拟典型的安全攻击来验证安全中心的安全防护能力。
（4）侦听测试：通过典型的网络数据包获取技术，在系统数据通信或数据交互的过程中，对数据进行截取分析，从而发现系统在防止敏感数据被窃取方面的安全防护能力。

【问题3】
密钥管理功能的基本测试点包含如下内容。
（1）功能测试。
1）系统是否具备密钥生成、密钥发送、密钥存储、密钥查询、密钥撤销、密钥恢复等基本功能。
2）密钥库管理功能是否完善。

试题二

【参考答案】

【问题1】

单元测试主要有模块接口测试、局部数据结构测试、路径测试、错误处理测试、边界测试。

【问题2】

（1）在把各个模块连接起来的时候，穿越模块接口的数据是否会丢失。

（2）一个模块的功能是否会对另一个模块的功能产生不利的影响。

（3）各个子功能组合起来，能否达到预期要求的父功能。

（4）全局数据结构是否有问题。

（5）单个模块的误差累积起来，是否会放大，从而达到不能接受的程度。

【问题3】

（1）集成测试主要依据是概要设计说明书，系统测试的主要依据是需求设计说明书。

（2）集成测试是系统模块的测试，系统测试是对整个系统的测试，包括相关的软/硬件平台、网络以及相关外设的测试。

【问题4】

不正确。

理由：（1）验收测试要在系统测试通过之后，交付使用之前进行，而不是仅仅根据合同规定进行，2014年10底并不具备验收测试的条件。

（2）验收测试不能缺少用户方的人员。

试题三

【参考答案】

【问题1】

交易吞吐量是系统服务器每秒能够处理通过的交易数。

交易响应时间是系统完成事务执行准备后所采集的时间戳和系统完成待执行事务后所采集的时间戳之间的时间间隔，是衡量特定类型应用事务性能的重要指标，标志了用户执行一项操作大致需要多长时间。

【问题2】

随着负载增加，当交易吞吐量不再递增时，交易响应时间一般会递增。

当系统达到交易吞吐量极限时，客户端交易会在请求队列中排队等待，等待的时间会记录在响应时间中。

【问题3】

数据库服务器资源使用不合理。

当并发用户数达到50时，数据库服务器CPU平均利用率（%）达到97.5%，属不合理范围。

【问题4】

数据库端造成此缺陷的主要原因包括：

（1）服务器资源负载过重。

（2）数据库设计不合理。

（3）数据库单个事务处理响应时间长。

（4）系统并发负载造成最终用户响应时间长。

有效的解决方案是：采用数据库集群策略，并注意配置正确。

【问题5】

$(1000000 \times 2 \times 80\%)/(8 \times 20 \times 8 \times 3600 \times 20\%) = 1.74 \text{trans/s}$

即服务器处理"税票录入"的交易吞吐量应达到1.74trans/s。

SmartBits 软件提供了网络测试的功能。

（71）（72）（73）（74）（75）**参考答案**：A C B C D

试题解析 面向对象的分析（OOA）是一种面向对象范型的半形式化描述技术。面向对象的分析包括 3 个步骤：第 1 步是用例建模，它决定了如何由产品得到各项计算结果，并以用例图和相关场景的方式展现出来；第 2 步是类建模，它决定了类及其属性，然后确定类之间的关系和交互；第 3 步是动态建模，它决定了类或每个子类的行为，并以状态图的形式进行表示。

括可行性研究报告、项目开发计划、测试计划、技术报告、开发进度记录、项目开发总结报告等。

3）用户文档：向用户传达各种与开发相关、与产品相关的信息，其读者群主要针对最终用户。其中主要包括用户手册、操作手册、维护修改建议书、软件需求说明书等。

（43）**参考答案**：C

🔥**试题解析** 用户手册测试的内容包括准确地按照手册的描述使用程序、尝试每一条建议、检查每条陈述、查找容易误导用户的内容。

（44）**参考答案**：B

🔥**试题解析** 本题考查判定覆盖法，判定覆盖法是程序中每个判定的结果至少都获得一次"真"值和"假"值。在本题中，N与Y可以分别取"真"值和"假"值，所以需要设计4个测试用例。

（45）**参考答案**：C

🔥**试题解析** Web 应用链接测试包括无链接指向的页面、错误的链接、不存在的页面文件。客户端与服务器端的链接速率由 Web 性能测试获取。

（46）（47）（48）**参考答案**：C B C

🔥**试题解析** 软件测试过程模型有 V 模型、X 模型、W 模型、H 模型、前置测试模型等，题目中的渐进模型、螺旋模型、增量模型都是软件开发模型。

W 模型强调测试伴随着整个软件开发周期，而且测试的对象不仅仅是程序，需求、功能和设计同样要测试。与 V 模型相比，更突出了测试先行的观念以及需求和设计的测试工作。

H 模型强调软件测试模型是一个独立的流程，贯穿于整个产品周期，与其他流程并发地进行。当某个测试时间点就绪时，软件测试即从测试准备阶段进入测试执行阶段。

（49）**参考答案**：D

🔥**试题解析** 需求说明书评测作为需求分析阶段工作的复查手段，应该对功能的正确性、完整性和清晰性，以及其他需求给予评测。评测的主要内容如下：

1）系统定义的目标是否与用户的要求一致。
2）系统需求分析阶段提供的文档资料是否齐全。
3）文档中的所有描述是否完整、清晰、准确地反映用户要求。
4）与所有其他系统成分的重要接口是否都已经描述。
5）被开发项目的数据流与数据结构是否足够、确定。
6）所有图表是否清楚、在不补充说明时能否理解。
7）主要功能是否已经包括在规定的软件范围之内，是否都已经充分说明。
8）软件的行为和它必须处理的信息、必须完成的工程是否一致。
9）设计的约束条件或限制条件是否符合实际。
10）是否考虑了开发的技术风险。
11）是否考虑过软件需求的其他方案。
12）是否考虑过将来可能会提出的软件需求。
13）是否详细制定了检验标准，它们能否对系统定义成功进行确认。
14）有没有遗漏、重复或不一致的地方。
15）用户是否审查了初步的用户手册或原型。
16）项目开发计划中的估算是否受到了影响。

（50）**参考答案**：B

🔥**试题解析** 第三方测试是介于软件开发方和用户方之间的测试组织的测试，第三方测试也称为独立测试。软件质量工程强调开展独立验证和确认（IV&V）活动。IV&V 是由在技术、管理和财务上与开发组织具有规定程度独立的组织执行验证和确认过程。软件第三方测试也是由在技术、管理和财务上与开发方和用户方相对独立的组织进行的软件测试。一般情况下是模拟用户真实应用环境进行软件确认测试。

（51）**参考答案**：C

🔥**试题解析** 容错性是软件可靠性的子特性，指在软件发生故障或者违反指定接口的情况下，软主机地址二进制位全为 0 或 1，我们保留这两个地址用来唯一识别两个特殊功能（子网的网络地址和广播地址）。所以最多可连接的主机数为 $2^{10}-2$ 个。

（39）**参考答案**：A

试题解析 Telnet 是进行远程登录的标准协议和主要方式，它为用户提供了在本地计算机上完成远程主机工作的能力。在终端使用者的计算机上使用 Telnet 程序，用它连接到服务器。终端使用者可以在 Telnet 程序中输入命令，这些命令会在服务器上运行，就像直接在服务器的控制台上输入一样。

RAS 服务（Remote Access Service，远程访问服务）用于远程访问服务，为企业外出人员（如出差人员）提供接入企业网的解决方案，如 VPN 服务等。

FTP（File Transfer Protocol）是个文件传输协议。正如其名：协议的任务是从一台计算机将文件传送到另一台计算机，它与这两台计算机所处的位置、联系的方式以及使用的操作系统无关。它的目标是提高文件的共享性，提供非直接使用远程计算机，使存储介质对用户透明和可靠高效地传送数据。

SMTP 称为简单 Mail 传输协议（Simple Mail Transfer Protocol），目标是向用户提供高效、可靠的邮件传输。它是个请求/响应协议，命令和响应都是基于 ASCII 文本的。

（40）**参考答案**：B

试题解析 在传输层中，TCP 和 UDP 标题包含端口号（Port Number），它们可以唯一区分每个数据包包含哪些应用协议（例如 HTTP、FTP 等）。端点系统利用这种信息来区分包中的数据，尤其是端口号使一个接收端计算机系统能够确定它所收到的 IP 包类型，并把它交给合适的高层软件。端口号和设备 IP 地址的组合通常称作"插口"（socket）。

任何 TCP/IP 实现所提供的服务都用知名的 1～1023 之间的端口号。这些知名端口号由 Internet 号分配机构（Internet Assigned Numbers Authority，IANA）来管理。到 1992 年为止，知名端口号介于 1～255 之间。256～1023 之间的端口号通常都是由 UNIX 系统占用，以提供一些特定的 UNIX 服务。也就是说，提供一些只有 UNIX 系统才有的、而其他操作系统可能不提供的服务。现在 IANA 管理 1～1023 之间所有的端口号。

（41）**参考答案**：B

试题解析 可视电话是一种新型的高科技电子产品，结构轻巧、使用灵活。目前市场上主要有支持公用交换电话网（PSTN）和支持综合业务数字网（ISDN）两种可视电话。PSTN 是安装在普通电话线上实现的业务，带宽为 64kbit/s，由于采用模拟线路传输，模拟线路带宽的限制和压缩技术的原因，经过传输后带宽只有 30kbit/s 左右，活动图像会出现马赛克等现象。ISDN 可视电话带宽为 128kbit/s，较 PSTN 可视电话对活动图像传输有所改善，图像接续较快，但价格是 PSTN 可视话机的 2 倍。

数字电视就是将传统的模拟电视信号经过抽样、量化和编码转换成用二进制数代表的数字式信号，然后进行各种功能的处理、传输、存储和记录，也可以用电子计算机进行处理、监测和控制。采用数字技术不仅使各种电视设备获得比原有模拟式设备更高的技术性能，而且还具有模拟技术不能达到的新功能，使电视技术进入崭新时代。在传统的模拟电视中，模拟全电视信号通过调制在无线电射频载波上发送出去。广播信道可以是地面广播、有线电视网或卫星广播。数字电视则是将电视信号进行数字化采样，其信号的数据率是很高的，演播室质量的数字化电视信号的数据率在 200Mb/s。要在原模拟电视频道带宽内传输如此高速率的数字信号是不可能的，因此，要用到数据压缩技术。但在压缩之后，带宽仍需 3～40Mb/s。

拨号上网大家应该比较熟悉，一般的传输带宽为：14.4kb/s、28.8kb/s、56kb/s。

收发邮件在拨号上网的条件下就可进行，对网络带宽没什么要求。

从上面的分析可以看出，数字电视是带宽要求最高的应用。

（42）**参考答案**：A

试题解析 根据文档产生、使用的范围的不同，可以将其分为 3 类：

1）开发文档：为开发工作提供支持的各种文档，其读者群主要针对开发人员。其中主要包括需求规格说明书、数据要求规格说明书、概要设计说明书、详细设计说明书、项目开发计划等。

2）管理文档：为项目的开发管理提供支持的各种文档，其读者群主要针对管理人员，其中主要包并行转换是新老系统并行一段时间，经过一段时间的考验以后，新系统正式替代老系统。对于较复杂的大型系统，它提供了一个与老系统运行结果进行比较的机会，可以对新老两个系统并行工作，消除了尚未认识新系统之前的紧张和不安。在银行、财务和一些企业的核心系统中，这是一种经常使用的转换方式。它的主要特点是安全、可靠，但费用和工作量都很大，因为在相当长时间内系统要两套班子并行工作。

分段转换又称逐步转换、向导转换、试点过渡法等。这种转换方式实际上是以上两种转换方式的结合。在新系统全部正式运行前，一部分一部分地代替老系统。那些在转换过程中还没有正式运行的部分，可以在一个模拟环境中继续试运行。这种方式既保证了可靠性，又不至于费用太大。但是这种分段转换要求子系统之间有一定的独立性，对系统的设计和实现都有一定的要求，否则就无法实现这种分段转换的设想。

由此可以看出，题目所说的"旧系统和新系统并行工作一段时间，再由新系统代替旧系统的策略"是并行转换，而"在新系统全部正式运行前，一部分一部分地代替旧系统的策略"是分段转换。

（14）（15）参考答案：D A

试题解析 数据流图简称 DFD，是描述数据处理过程的一种图形工具。数据流图从数据传递和加工的角度，以图形的方式描述数据在系统流程中流动和处理的移动变换过程，反映数据的流向、自然的逻辑过程和必要的逻辑数据存储。数据流图的基本要素包括加工、数据流、数据存储文件和数据源点（汇点）。所以联系是不属于数据流图中的，联系是 E-R 图中的概念。

外部实体是用方框描述的，表示数据流图中要处理数据的输入来源或处理结果要送往的地方，在图中仅作为一个符号，并不需要以任何软件的形式进行设计和实现，是系统外部环境中的实体。它们作为系统与系统外部环境的接口界面，实际的问题中可能是人员、组织、其他软硬件系统等。一般只出现在分层数据流的顶层图中。

在 4 个备选答案中，只有"接收工资单的银行"是一个处理结果要送往的地方，而且对于这个地方，我们除了向它发送指定结构的数据，不能做其他操作，也不知其内部如何运作。

（16）参考答案：A

试题解析 目前，比较热门的软件开发工具都是可视化的，例如 Visual Basic、Visual C++、Delphi、Power Builder 和 JBuilder 等。这些工具是一种事件驱动程序语言，编程时在程序内必须设计各种事件的处理程序代码。当此事件发生时，随即驱动执行相应的程序段。这些开发工具都提供了良好的控件工具，用户可以很方便地建立用户界面，大大提高了程序设计的效率。

（17）参考答案：D

试题解析 瀑布模型是生命周期法中最常用的开发模型，它把软件开发流程分为可行性分析、需求分析、软件设计、编码实现、测试和维护 6 个阶段。

外部设计评审报告在软件测试阶段产生；集成测试计划、系统计划和需求分析说明在需求分析阶段产生；在进行编码的同时，可以独立地设计单元测试计划。

（18）参考答案：A

试题解析 大数据（Big Data）指无法在一定时间范围内用常规工具进行捕捉、管理和处理的数据集合，是需要新处理模式才能具有更强的决策力、洞察发现力和流程优化能力的海量、高增长率和多样化的信息资产。

大数据是具有体量大、结构多样、时效性强等特征的数据，处理大数据需要采用新型计算架构和智能算法等新技术。

（19）参考答案：A

试题解析 智能音箱是人工智能的典型应用。

（20）参考答案：D

试题解析 数据规约是指在尽可能保持数据原貌的前提下，最大限度地精简数据量。数据规约主要有两个途径：属性选择和数据采样，分别针对原始数据集中的属性和记录。数据规约技术可以用来得到数据集的规约表示，它虽然小，但仍然大致保持原数据的完整性。这样，在规约后的数据集上挖掘将更有效，并产生相通（或几乎相同）的分析结果。

✦**试题解析** 在 UNIX 操作系统中，每一个硬件设备都被看作是一个特殊文件（也称设备文件），设备文件可以用来访问硬件。

（9）**参考答案**：C

✦**试题解析** 位示图用二进制位表示磁盘中的一个盘块的使用情况，0 表示空闲，1 表示已分配。磁盘上的所有盘块都与一个二进制位相对应，由所有的二进制位构成的集合，称为位示图。

位示图法的优点是很容易找到一个或一组相邻的空闲盘块。位示图小，可以把它保存在内存中，从而节省了磁盘的启动操作。

在本题中，"共有 10 个盘面，每个盘面上有 100 个磁道，每个磁道有 16 个扇区"，则一共有 10×100×16=16000 个扇区，又"分配以扇区为单位"的，则扇区就是一个块，所以一共需要位示图占用 16000/8=2000 个字节空间。

（10）**参考答案**：B

✦**试题解析** 在一台计算机中，有以下 6 种主要的部件。

1）控制器（Control Unit）：统一指挥并控制计算机各部件协调工作的中心部件，所依据的是机器指令。
2）运算器（Arithmetic and Logic Unit，ALU）：亦称为算术逻辑单元，对数据进行算术运算和逻辑运算。
3）内存储器（Memory 或 Primary Storage，简称内存）：存储现场操作的信息与中间结果，包括机器指令和数据。
4）外存储器（Secondary Storage 或 Permanent Storage，简称外存）：存储需要长期保存的各种信息。
5）输入设备（Input devices）：接收外界向计算机输出的信息。
6）输出设备（Output devices）：将计算机中的信息向外界输送。

现在的控制器和运算器是被制造在同一块超大规模集成电路中的，称为中央处理器，即 CPU（Central Processing Unit）。CPU 和内存统称为计算机的系统单元（Peripherals，简称外设）。

计算机各功能部件之间的合作关系如下图所示。

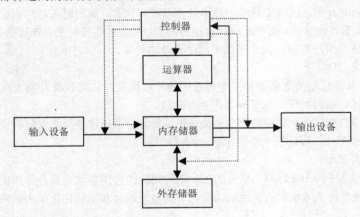

（11）**参考答案**：B

✦**试题解析** 函数是一种对应规则（映射），它使定义域中每个元素和值域中唯一的元素相对应。函数式语言是一类以 λ 演算为基础的语言，其代表是 LISP，主要用于人工智能领域。

逻辑型语言是一类以形式逻辑为基础的语言，其代表是建立在关系理论和一阶谓词理论基础上的 PROLOG。PROLOG 有很强的推理功能，适用于书写自动定理证明、专家系统和自然语言理解等问题的程序。

（12）（13）**参考答案**：D C

✦**试题解析** 直接转换就是在确定新系统运行无误时，立刻启用新系统，终止老系统运行。这种方式对人员、设备费用很节省。这种方式一般适用于一些处理过程不太复杂，数据不是很重要的场合。

问题 2		
问题 3		
问题 4		
问题 5		
评阅人		校阅人		小计	

试题四解答栏	得分
问题 1	

	试 题 二 解 答 栏		得 分
问题 1			
问题 2			
问题 3			
问题 4			
评阅人		校阅人	小 计

	试 题 三 解 答 栏		得 分
问题 1			

测试计划和测试方案。在该方案中指出测试小组由公司 A 的测试工程师、外聘测试专家、外聘行业专家以及监理方的代表组成。

公司 A 的做法是否正确？请给出理由。

试题三（20 分）

阅读下列说明，回答问题 1 至问题 5，将解答填入答题纸的对应栏内。

【说明】负载压力性能测试是评估系统性能、性能故障诊断以及性能调优的有效手段。下述表格是针对税务征管系统中"税票录入"业务的测试结果，系统服务器端由应用服务器和单节点数据库服务器组成。

并发用户数	交易吞吐量平均值 /（trans/s）	交易响应时间平均值/s	数据库服务器 CPU 平均利用率	应用服务器 CPU 平均利用率
10	0.56	0.57	37.50%	13.58%
20	2.15	1.16	57.32%	24.02%
30	3.87	3.66	70.83%	39.12%
50	7.02	6.63	97.59%	53.06%

【问题 1】（4 分）
简述交易吞吐量和交易响应时间的概念。

【问题 2】（4 分）
试判断随着负载增加，当交易吞吐量不再递增时，交易响应时间是否会递增，并说明理由。

【问题 3】（4 分）
根据上述测试结果，判断服务器资源使用情况是否合理，为什么？

【问题 4】（4 分）
在并发用户数为 50 时，如果交易吞吐量和交易响应时间都不满足需求，简述数据库端造成此缺陷的主要原因，有效的解决方案是什么？

【问题 5】（4 分）
去年全年处理"税票录入"交易约 100 万笔，考虑到 3 年后交易量递增到每年 200 万笔。假设每年交易量集中在 8 个月，每个月 20 个工作日，每个工作日 8 小时，试采用 80/20 原理估算系统服务器高峰期"税票录入"的交易吞吐量（trans/s）。

试题四（20 分）

阅读下列说明，回答问题 1 至问题 3，将解答填入答题纸的对应栏内。

【说明】因果图方法的思路是：从用自然语言书写的程序规格说明描述中找出因（输入条件）和果（输出或程序状态的改变），通过因果图转换为判定表。

分析中国象棋中走马的实际情况（下面未注明的均指的是对马的说明），马走日字型（邻近交叉点无棋子），遇到对方棋子可以吃掉，遇到本方棋子不能落到该位置。

【问题 1】（2 分）
应用中可能有多种输入条件，在什么情况下可采用因果图法设计测试用例？

【问题 2】（9 分）
根据上述说明，利用因果图法，下面列出走棋出现的情况和结果，找出哪些是正确的输入条件，哪些是正确的输出结果，请把相应的字母编号填入表中。

A. 落点在棋盘上　　　　　　　　B. 落点与起点构成日字
C. 移动棋子　　　　　　　　　　D. 落点处为对方棋子
E. 落点处为自己方棋子　　　　　F. 移动棋子，并除去对方棋子
G. 落点方向的邻近交叉点无棋子　H. 不移动棋子

试题一（15分）

阅读下列C程序，回答问题1至问题3，将解答填入答题纸的对应栏内。

```
Int is_binary(const void*buf,const size_tbuf_len);
    size_t suspicious_bytes=0;
    size_t total_bytes=buflen>512?512:buf_len;      //1,2,3
    const unsigned char*buf_c=buf;
        size_ti;
        size_t return_code=0;

        if(buf_len==0) {                             //4
            return_code=0;                           //5
        }else{
            for(i=0;i<total_bytes;i++) {             //6
    if(buf_c[i]=="0"){                               //7
    return_code=1;                                   //8
        break;
        } elseif(buf_c[i] <7||buf_c[i] >14) {        //9,10
    i++;
    suspicious_bytes++;
        if(i>=32){                                   //11
            return_code=1;                           //12
                break;
                }
            }
        }
    }
    return return_code;                              //13
```

【问题1】（5分）
请针对上述C程序给出满足100%DC（判定覆盖）所需的逻辑条件。

【问题2】（5分）
请画出上述程序的控制流图，并计算其控制流图的环路复杂度V(G)。

【问题3】（5分）
请给出[问题2]中控制流图的线性无关路径。

试题二（20分）

阅读以下说明，回答问题1至问题4，将解答填入答题纸的对应栏内。

【说明】在软件开发与运行阶段一般需要完成单元测试、集成测试、确认测试、系统测试和验收测试，这些对软件质量保证起着非常关键的作用。

【问题1】（5分）
请简述单元测试的主要内容。

【问题2】（5分）
集成测试也叫组装测试或者联合测试，请简述集成测试的主要内容。

【问题3】（4分）
请简述集成测试与系统测试的关系。

【问题4】（6分）
公司A承担了业主B的办公自动化系统的建设工作。2014年10月初，项目正处于开发阶段，预计2015年5月能够完成全部开发工作，但是合同规定2014年10月底进行系统验收。因此2014年10月初，公司A依据合同规定向业主B和监理方提出在2014年10月底进行验收测试的请求，并提出了详细的

②在工作中对所有程序员一视同仁,不会因为在某个程序员编写的程序中发现的问题多,就重点查该程序,以免不利于团结
③承诺不需要其他人员,自己就可以独立进行测试工作
④发扬咬定青山不放松的精神,不把所有问题都找出来,决不罢休
你认为应聘者甲的保证__(56)__。

(56) A. ①④是正确的 B. ②是正确的
     C. 都是正确的   D. 都不正确

- 软件测试的对象包括__(57)__。

(57) A. 目标程序和相关文档 B. 源程序、目标程序、数据及相关文档
     C. 目标程序、操作系统和平台软件 D. 源程序和目标程序

- 软件测试类型按开发阶段划分是__(58)__。

(58) A. 需求测试、单元测试、集成测试、验证测试
     B. 单元测试、集成测试、确认测试、系统测试、验收测试
     C. 单元测试、集成测试、验证测试、确认测试、验收测试
     D. 调试、单元测试、集成测试、用户测试

- 下述说法错误的是__(59)__。

(59) A. 单元测试又称模块测试,是针对软件设计的最小单位——程序模块进行正确性检验的测试工作
     B. 集成测试也叫作组装测试,通常在编码完成的基础上,将所有的程序模块进行有序的、递增的测试
     C. 集成测试是检验程序单元或部件的接口关系,逐步集成为符合概要设计要求的程序部件或整个系统
     D. 系统测试是在真实或模拟系统运行环境下,检查完整的程序系统能否和相关硬件、外设、网络、系统软件和支持平台等正确配置与连接,并满足用户需求

- V模型指出,__(60)__对程序设计进行验证,__(61)__对系统设计进行验证,__(62)__应当追溯到用户需求说明。

(60) A. 单元和集成测试   B. 系统测试
     C. 验收测试和确认测试 D. 验证测试
(61) A. 单元测试 B. 集成测试 C. 功能测试 D. 系统测试
(62) A. 代码测试 B. 集成测试 C. 验收测试 D. 单元测试

- 针对以下C语言程序段,对于(MaxNum,Type)的取值,至少需要__(63)__个测试用例能够满足判定覆盖的要求。

```
while ( MaxNum-- > 0 )
{
    if ( 10 == Type )
        x = y * 2;
    else
        if ( 100 == Type )
            x = y + 10;
        else
            x = y - 20;
}
```

(63) A. 5   B. 4   C. 3   D. 2

- 假设A、B为布尔变量,对于逻辑表达式(A && B),至少需要__(64)__个测试用例才能完成MCDC覆盖。

(64) A. 4   B. 3   C. 2   D. 1

当用判定覆盖法进行测试时，至少需要设计__(44)__个测试用例。
(44) A. 2　　　　　　　B. 4　　　　　　　C. 6　　　　　　　D. 8

Web 应用链接测试不包括__(45)__。
(45) A. 无链接指向的页面　　　　　　　B. 错误的链接
　　 C. 客户端与服务器端的链接速率　　D. 不存在的页面文件

典型的软件测试过程模型有__(46)__等，在这些模型中，__(47)__强调了测试计划等工作的先行和对系统需求和系统设计的测试，__(48)__对软件测试流程予以了说明。
(46) A. V 模型、W 模型、H 模型、渐进模型
　　 B. V 模型、W 模型、H 模型、螺旋模型
　　 C. X 模型、W 模型、H 模型、前置测试模型
　　 D. X 模型、W 模型、H 模型、增量模型
(47) A. V 模型　　　　B. W 模型　　　　C. 渐进模型　　　D. 螺旋模型
(48) A. V 模型　　　　B. W 模型　　　　C. H 模型　　　　D. 增量模型

以下各项中，__(49)__属于需求说明书的评测内容。
①系统定义的目标是否与用户的要求一致
②设计的约束条件或限制条件是否符合实际
③是否考虑过软件需求的其他方案
④软件的行为与它必须处理的信息、必须完成的功能是否一致
(49) A. ①②④　　　　B. ①③④　　　　C. ②③④　　　　D. ①②③④

关于对第三方测试的描述，正确的观点是__(50)__。
(50) A. 既不是用户，也不是开发人员所进行的测试就是第三方测试
　　 B. 第三方测试也称为独立测试，是由相对独立的组织进行的测试
　　 C. 第三方测试是在开发方与用户方的测试基础上进行的验证测试
　　 D. 第三方测试又被称为 β 测试

软件可靠性是指在指定的条件下使用时，软件产品维持规定的性能级别的能力，其子特性__(51)__是指在软件发生故障或者违反指定接口的情况下，软件产品维持规定的性能级别的能力。
(51) A. 成熟性　　　　B. 易恢复性　　　　C. 容错性　　　　D. 可靠性依从性

在网络应用测试中，网络延迟是一个重要指标。以下关于网络延迟的理解，正确的是__(52)__。
(52) A. 指响应时间
　　 B. 指报文从客户端发出到客户端接收到服务器响应的间隔时间
　　 C. 指报文在网络上的传输时间
　　 D. 指从报文开始进入网络到它开始离开网络之间的时间

为保证测试活动的可控性，必须在软件测试过程中进行软件测试配置管理，一般来说，软件测试配置管理中最基本的活动包括__(53)__。
(53) A. 配置项标识、配置项控制、配置状态报告、配置审计
　　 B. 配置基线确立、配置项控制、配置报告、配置审计
　　 C. 配置项标识、配置项变更、配置审计、配置跟踪
　　 D. 配置项标识、配置项控制、配置状态报告、配置跟踪

在程序控制流图中，有 8 条边，6 个节点，则控制流程图的环路复杂度 V(G) 等于__(54)__。
(54) A. 2　　　　　　　B. 4　　　　　　　C. 6　　　　　　　D. 8

针对程序段：IF(X>10)AND(Y<20)THEN W=W/A，对于(X,Y)的取值，以下__(55)__组测试用例能够满足判定覆盖的要求。
(55) A. (30,15) (40,10)　B. (3,0) (30,30)　C. (5,25) (10,20)　D. (20,10) (1,100)

某软件公司在招聘软件评测师时，应聘者甲向公司做如下保证：
①经过自己测试的软件今后不会再出现问题

C. 函数型语言适用于编写高速计算的程序，常用于超级计算机的模拟计算
D. 逻辑型语言是在 Client/Server 系统中用于实现负载分散的程序语言

- 在系统转换的过程中，旧系统和新系统并行工作一段时间，再由新系统代替旧系统的策略称为__(12)__；在新系统全部正式运行前，一部分一部分地代替旧系统的策略称为__(13)__。

(12) A. 直接转换　　　B. 位置转换　　　C. 分段转换　　　D. 并行转换
(13) A. 直接转换　　　B. 位置转换　　　C. 分段转换　　　D. 并行转换

- 下列要素中，不属于 DFD 的是__(14)__。当使用 DFD 对一个工资系统进行建模时，__(15)__可以被认定为外部实体。

(14) A. 加工　　　B. 数据流　　　C. 数据存储　　　D. 联系
(15) A. 接收工资单的银行　　　B. 工资系统源代码程序
　　　C. 工资单　　　D. 工资数据库的维护

- 目前比较热门的软件开发工具，如 VB、PB、Delphi 等都是可视化的。这些工具是一种__(16)__程序语言。

(16) A. 事件驱动　　　B. 逻辑式　　　C. 函数式　　　D. 命令式

- 采用瀑布模型进行系统开发的过程中，每个阶段都会产生不同的文档。以下关于产生这些文档的描述中，正确的是__(17)__。

(17) A. 外部设计评审报告在概要设计阶段产生
　　　B. 集成测试计划在程序设计阶段产生
　　　C. 系统计划和需求说明在详细设计阶段产生
　　　D. 在进行编码的同时，独立地设计单元测试计划

- 关于大数据的描述，不正确的是__(18)__。

(18) A. 大数据分析相比于传统的数据仓库应用，具有查询与分析简单的特点
　　　B. 大数据的意义不在于掌握庞大的数据信息，而在于对这些数据进行专业化处理
　　　C. 大数据主要依托云计算的分布式处理、分布式数据库和云存储、虚拟化技术
　　　D. 大数据具有类型繁多、结构多样、处理速度快、时效性强的特点

- 智能音箱是__(19)__的典型应用。

(19) A. 人工智能　　　B. 数据库　　　C. 两化融合　　　D. 区块链

- __(20)__的目的是缩小数据的取值范围，使其更适合于数据挖掘算法的需要，并且能够得到和原始数据相通的分析结果。

(20) A. 数据清洗　　　B. 数据集成　　　C. 数据变换　　　D. 数据规约

- 在面向对象软件开发过程中，采用设计模式__(21)__。

(21) A. 允许在非面向对象程序设计语言中使用面向对象的概念
　　　B. 以复用成功的设计和体系结构
　　　C. 以减少设计过程创建的类的个数
　　　D. 以保证程序的运行速度达到最优值

- 两个小组独立地测试同一个程序，第一组发现 25 个错误，第二组发现 30 个错误，在两个小组发现的错误中有 15 个是共同的，那么可以估计程序中的错误总数是__(22)__个。

(22) A. 25　　　B. 30　　　C. 50　　　D. 60

- 对于软件的 β 测试，下列描述正确的是__(23)__。

(23) A. β 测试就是在软件公司内部展开的测试，由公司专业的测试人员执行的测试
　　　B. β 测试就是在软件公司内部展开的测试，由公司的非专业测试人员执行的测试
　　　C. β 测试就是在软件公司外部展开的测试，由专业的测试人员执行的测试
　　　D. β 测试就是在软件公司外部展开的测试，可以由非专业的测试人员执行的测试

- __(24)__可以作为软件测试结束的标志。

(24) A. 使用了特定的测试用例　　　B. 错误强度曲线下降到预定的水平

在计算机体系结构中，CPU 内部包括程序计数器（PC）、存储器数据寄存器（MDR）、指令寄存器（IR）和存储器地址寄存器（MAR）等。若 CPU 要执行的指令为 MOV R0, #100（即将数值 100 传送到寄存器 R0 中），则 CPU 首先要完成的操作是 (1) 。
(1) A. 100→R0　　　　B. 100→MDR　　　　C. PC→MAR　　　　D. PC→IR

现有四级指令流水线，分别完成取指、取数、运算、传送结果 4 步操作。若完成上述操作的时间依次为 9ns、10ns、6ns、8ns，则流水线的操作周期应设计为 (2) ns。
(2) A. 6　　　　B. 8　　　　C. 9　　　　D. 10

内存按字节编址，地址从 90000H 到 CFFFFH，若用存储容量为 16K×8bit 的存储器芯片构成该内存，至少需要 (3) 片。
(3) A. 2　　　　B. 4　　　　C. 8　　　　D. 16

CPU 中的数据总线宽度会影响 (4) 。
(4) A. 内存容量的大小　　　　　　　B. 系统的运算速度
　　C. 指令系统的指令数量　　　　　D. 寄存器的宽度

利用高速通信网络将多台高性能工作站或微型机互连构成机群系统，其系统结构形式属于 (5) 计算机。
(5) A. 单指令流单数据流（SISD）　　B. 多指令流单数据流（MISD）
　　C. 单指令流多数据流（SIMD）　　D. 多指令流多数据流（MIMD）

为了解决进程间的同步和互斥问题，通常采用一种称为 (6) 机制的方法。若系统中有 5 个进程共享若干个资源 R，每个进程都需要 4 个资源 R，那么使系统不发生死锁的资源 R 的最少数目是 (7) 。
(6) A. 调度　　　　B. 信号量　　　　C. 分派　　　　D. 通讯
(7) A. 20　　　　B. 18　　　　C. 16　　　　D. 15

在 UNIX 操作系统中，把输入/输出设备看作是 (8) 。
(8) A. 普通文件　　　　B. 目录文件　　　　C. 索引文件　　　　D. 特殊文件

某磁盘盘组共有 10 个盘面，每个盘面上有 100 个磁道，每个磁道有 16 个扇区，假定分配以扇区为单位。若使用位示图管理磁盘空间，则位示图需要占用 (9) 字节空间。
(9) A. 16000　　　　B. 1000　　　　C. 2000　　　　D. 1600

计算机各功能部件之间的合作关系如下图所示。假设图中虚线表示控制流，实线表示数据流，那么 a、b 和 c 分别表示 (10) 。

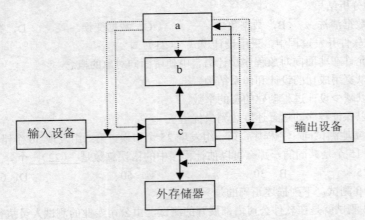

(10) A. 控制器、内存储器和运算器　　　B. 控制器、运算器和内存储器
　　　C. 内存储器、运算器和控制器　　　D. 内存储器、控制器和运算器

下面关于编程语言的各种说法中， (11) 是正确的。
(11) A. 由于 C 语言程序是由函数构成的，所以也属于函数型语言
　　　B. Smalltalk、C++、Java、C#都是面向对象语言